디테일 경쟁 시대

디테일 경쟁 시대

한국 과학기술 발전을 위한 제언

임용택

KAIST 기계공학과 교수

과학기술의 발전은 디테일에서 시작된다

미국 매사추세츠 주 사우스 해들리의 마운트홀리요크칼리지 앞에 있는 오래된 마을의 대학로 건널목에는 아주 단순한 교통 안내판이 붙어 있다. "건너고 싶을 때에는 스위치를 누르고 조심하세요"라는.

스위치를 누르면 바로 점멸등이 들어온다. 반대편 건널목 표지판에는 "보행자에게 양보 운전을 하지 않으면 주 정부 법에 따라 범칙금으로 300달러를 부과한다"라는 안내문이 있다. 교통 신호 체계는 시민들이 조심해서 길을 건너게 하고 양보 운전을 생활화하게 하는 등, 행동 체계를 합리적이고 실용적이며 유연하게 만들어준다.

이에 반해 우리나라의 건널목에서는 1분 이상 기다려야 신호가

미국 매사추세츠 주 사우스 해들리 마운트홀리요크칼리지 앞 대학로 건널목에 설치된 점멸등(왼쪽).
건널목과 교통 위반 벌금을 나타내주는 안내판(오른쪽).

보행자를 위한 자동 점멸등 이용을 안내해주는 한국기계연구원 앞 교차로 사진(2017년 4월).

바뀌기 때문에 보행자나 운전자가 신호 위반을 하고 싶은 충동을 느끼곤 한다. 신호 시스템이 시민들의 이해가 충돌할 가능성을 빚어내는 것이다.

워싱턴대학교의 더글러스 노스(Douglass C. North) 교수는 '사회에 존재하는 게임의 규칙으로 정의한 제도가 미치는 경제적 파급효과'를 연구해 1993년에 노벨 경제학상을 받았다. 하버드 대학교의 리처드 넬슨(Richard Nelson) 교수는 2003년에 "물리적 기술과 사회적 기술이 경제성장에 중요한 역할을 한다"고 주장했다. 흔히 말하는 과학기술이 물리적 기술인데, 넬슨은 "사회적 기술이란 무엇인가를 하도록 사람들을 조직하는 방법"이라고 규정하고, "물리적 기술이 사회에 큰 영향을 끼치는 것은 분명하지만 사회적 기술도 똑같이 중요한 역할을 하므로, 이 두 기술은 서로 복합적으로 진화해 영향을 미친다"라고 설명했다.

18세기 중반 영국에서 1차 산업혁명이 시작된 이후 4차 산업혁명이 진행되고 있는 현 상황에 사회·경제·문화 구조의 변화를 보면 일리가 있는 주장이다. 금의 순도를 99퍼센트 또는 99.99퍼센트 등으로 표시하는데, 소수점 뒷자리에 9가 늘어날수록 순도는 더 높다. 이처럼 높은 순도의 금을 만들어내기 위해서는 과학기술적으로 훨씬 더 많은 노력이 필요하다. 특히 단기적인 성과에 연연해하지 않는, 과정에 대한 올바른 사회적 인식과 시스템이 절실하다.

1인당 국민소득이 3만 달러를 넘고 인구가 5천만 명 이상인 국가를 '3050클럽'이라 칭하는데, 우리나라는 2018년에 세계에서 일곱 번째로 진입했다. 앞서 이야기한 교통 신호 시스템에서 알 수 있듯이, 이제부터는 제도를 도입하는 것만이 아니라 제도가 합리적이고 실용적으로 유연하게 운용될 수 있도록 시스템을 섬세하게 살펴 보완하는 것이 중요하다.

오하이오주립대, 한국과학기술원(Korea Advanced Institute of Science & Technology, 이하 KAIST), 한국기계연구원(이하 기계연) 등에서 33년간 일하면서, 진정한 국가 발전은 물리적 기술의 발전만으로는 한계가 있다고 깨달았다. 더욱이 출산율 저조에 따른 사회·경제·문화적인 변화를 슬기롭게 대처하는 방안 중 하나가 정밀 제조업의 성장과 국제화를 통한 지속적인 경제성장이다. KAIST와 기계연과 같은 정부출연연구기관(이하 출연연)들이 물리적 기술뿐만 아니라 사회적 기술을 동시에 발전시켜 우리나라가 과학기술 강국이 되길 꿈꾼다.

이 책에서 필자는 선진 교육 및 연구 환경 시스템 구축을 위한 사회적 기술, 사회적 기술을 이용한 국제화 전략, 물리적 기술과 사회적 기술 통합을 통한 과학기술 강국 건설이라는 큰 주제를 이야기하기 위해 지금까지 개인적으로 경험한 사례를 세밀하게 나누어 총 11장으로 정리했다. 이 책을 읽다 보면 과학기술 발전에 대한 필자의 의견과 함께, KAIST와 기계연이 이제껏 발전해오기까지 구성원들이 어떤 노력을 기울였는가도 함께 읽을 수 있을 것이다.

'큰일을 잘하기 위해서는 작은 일부터 잘 챙겨야 한다'는 것과 '목표를 가지고 꾸준히 노력하면 이루어진다'는 확고한 신념을 가지고 젊은 세대들이 인생을 행복하게 영위해나가길 바란다.

그동안 많은 도움을 준 선배, 동료, 친지, 후배 들에게 진심으로 감사의 마음을 전하고 싶다. 부족한 아버지를 너그럽게 받아주고 훌륭하게 성장한 재이와 준이에게도 한없이 고마울 뿐이다. 마지막으로 바쁜 업무로 인해 생긴 구멍을 드러나지 않게 메워준 강연선에게 고마움을 표한다.

2019년 12월

임용택

1장

KAIST,
대한민국 과학기술의 발전 한가운데 서다

KAIST가
아시아 최우수대학으로 선정되기까지

━━━━ 1989년은 KAIST가 한국과학기술대와 통합해서
교명을 한국과학기술원으로 정한 해다. 통합하는 과정에서 한국과
학기술대(이하 과기대) 교수들은 학사 과정 교육의 중요성을 주장했
고, KAIST 교수들은 대학원 교육을 강화할 것을 요구했다. 그래서
양측 모두 학사 과정과 대학원의 입학생 정원을 각각 1,000명 정도
로 확대하길 바랐다.

정부로서는 국내 경제 발전을 이끌어갈 과학기술계 인재 양성을
위해 두 기관이 원만하게 통합하여 더 나은 교육 및 연구 프로그램
을 만들기를 원했다. 이를 위해 KAIST 홍릉캠퍼스를 분원으로 남기
고 대덕캠퍼스로 확장, 이전했다.

KAIST 부원장이었던 천성순 교수는 1991년에 원장으로 취임하면서, 캠퍼스 이전에 발맞춰 교육 및 연구 프로그램을 개선하기 위해 합리적으로 평가를 받길 바랐다. 그래서 기획부처장이라는 새로운 보직을 만들어 이 평가 임무를 필자에게 맡아달라고 요청했다.

국내에는 공공기관의 평가를 담당하는 한국생산성본부가 있었지만, KAIST는 평가 목적에 더 잘 부합하고 평가 경비 또한 35% 저렴한 미국 공학교육인증원(Accreditation Board for Engineering & Technology, Incoporation, ABET) 평가팀을 초청했다.

ABET 평가는 미국 내 대학 교육의 질을 향상하기 위해 1932년 5월에 시작되었다. 비영리단체인 ABET 평가팀은 3~5년마다 서면 및 방문 평가를 하고, 대학의 프로그램을 인증해준다.

서면 평가는 평가 신청 기관이 제출한 교육 목표, 장기 발전 계획, 행정 조직, 교과 과정, 도서관, 재정, 수강 인원 현황, 학사 과정 입학생과 졸업생 수, 실험실 규모, 교수 이력서, 교과목 요약 소개서 등을 담은 자체 보고서를 근거로 시행한다. 방문 평가는 평가팀원들이 직접 현장을 찾아 관계자 면담, 실험실 시찰, 현장 확인 등을 하는 것이다.

그래서 1992년 9월 21~23일에 미국 공학교육평가기관인 ABET 평가팀이 우리나라에서는 최초로 KAIST의 교육 및 연구 프로그램 평가를 위해 KAIST를 방문했다.

평가단은 오하이오주립대 물리학과 교수이며 전 자연과학대학장인 콜린 불(Colin Bull), 스탠퍼드대학교 생명과학과 교수인 압둘 마틴(Abdul Matin), 퍼듀대학교 공과대학 학장이자 미국화학공학회

1992년 9월 21일, KAIST 시청각 강의실에서 ABET 평가를 브리핑하는 벤마크 평가 팀장. 한국과학기술원 사진 제공

회장이며 화학공학과 교수인 로버트 그린콘(Robert A. Greenkorn), 노스캐롤라이나주립대 공과대학 학장이자 경영과학과 교수인 윌버 마이어 주니어(Wilbur L. Meier, Jr.), 시라큐스대학교 디자인학과 교수인 제임스 퍼클(James Pirkl), MCC/ATLAS 스탠더드 연구소 전산학 박사인 톰 라인(Tom Rhyne) 등 13명으로 구성되었다.

　평가단의 단장인 듀폰의 레슬리 벤마크(Leslie F. Benmark) 박사는 "학사 과정과 대학원을 한꺼번에 평가하기는 KAIST가 처음이라서 기대가 크다"라고 밝혔다. "지금까지 ABET의 인준을 받은 대학은 매사추세츠 공과대학(MIT), 캘리포니아공대(Caltech), 스탠퍼드대학교 등을 포함하여 모두 288개에 이르고, 매년 100여 군데의 공학 관계 교육기관과 350~400개의 연구 프로그램이 평가를 받는다" 라면서 "ABET 평가는 순위를 매기는 평가가 아니라 대학 교육 및 연구 프로그램의 질을 높이기 위한 평가"임을 강조했다.

평가가 끝난 1993년 1월, 아칸소대학교의 제리 이어간(Jerry R. Yeargan) 석좌교수는 ABET 평가팀을 대표해 한국프레스센터에서 최종 평가 결과에 대해 기자 회견을 했다. "KAIST 대학원 과정은 미국 대학의 상위 10% 이내 수준이며, 학사 과정은 30% 이내 수준이다. KAIST는 향학열이 높은 재학생과 열성적인 교수 들이 포진해 있고, 일부 학과를 제외하고는 적절한 규모의 실험 기자재를 갖추고 있는 최고 수준의 교육 및 연구기관"이라고 발표했다.

세계적으로 인정받는 우수한 대학들을 평가한 기관에서 교육 및 연구 부문뿐 아니라 행정 부문까지 평가받아 부족한 부분을 보완함으로써 KAIST가 국제적으로 인정받을 수 있는 발판을 마련했다는 점에서 가치 있는 일이었다. 또한 ABET 평가를 계기로 학사력과 교과목 소개 책자 등 관련 자료를 영문으로 정리한 것은 또 다른 수확이었다.

ABET 평가 결과는 해외 전문 평가기관에서 평가받았다는 점에서 국내외의 관심을 끌었다. 《네이처》 아시아판에 평가 내용이 대전엑스포 개최 기사와 같이 실리고, 아울러 《비즈니스위크》의 아시아 대학 평가에서 KAIST가 아시아 최우수대학으로 선정되기도 했다.

국내에서 처음으로 시행됐던 ABET 평가는 예상과 달리 큰 성과를 거두고 마무리되었는데, 이처럼 값진 성과를 낼 수 있었던 것은 원장을 비롯한 많은 교직원들의 협조와 도움이 있었기에 가능한 일이었다.

공정한 평가를 위해서는
질적 평가가 확대되어야 한다

━━━ 구성원들의 참여와 노력 없이 기관이 발전할 수는 없다. 그래서 구성원들의 공정한 평가가 중요하다. 평가의 중요성은 누구나 인정하지만 공정하게 평가하기는 쉽지 않다.

역사가 오래되어 어느 정도 규모가 있는 연구실이라면 연구비와 실적이 지속될 가능성이 크므로, 신규 실험실을 구성해서 연구를 시작하는 팀에 비해 양적인 상대 평가에서 당연히 유리하다. 따라서 신생 연구팀에 대한 배려가 절대적으로 필요하다. 공정성을 해치지 않는 범위 내에서 어느 정도 배려해야 하는가가 주된 쟁점이 된다.

기관의 지속적인 성장, 발전을 위해서는 훌륭한 연구자와 행정원이 모두 필요하다. 따라서 평가 시스템은 업무와 기관의 특성을 고려할 수밖에 없다. 일반적인 잣대로 줄 세우는 식의 평가는 곤란하다. 기계연과 같은 출연연의 평가 시스템은 연구, 공공, 행정 서비스의 세 분야가 같이 이루어져야 하며, 상대 평가보다는 질적 평가가 확대되는 것이 바람직하다. 구성원들에게 동기를 유발하기 위해서는 행정과 공공 서비스 부문과 연구 영역에서 이바지하는 구성원들의 평가가 공정하게 이루어져야 한다.

구성원 모두가 만족하는 평가 시스템은 존재하지 않겠지만, 구성원 스스로 더 잘해보겠다는 의지가 생기게끔 동기를 부여해야 한다. 연구와 행정에 각각 부원장이 필요한 것도 같은 이유에서다.

기계연의 신임 연구원들은 2년차까지는 평가가 유예된다. 2년이 지난 다음에는 기존 연구원들과 같은 잣대로 평가를 받아야 한다. 2015년, 신생 조직인 기계연 대구연구센터의 인사 평가 결과는 그야말로 참담했다. 인사 평가를 담당한 연구부원장은 결과를 받아들이는 수밖에 없다고 주장했다.

개인 연구원의 입장에서는 너무 가혹한 평가를 받으면, 이를 개선하기 위해 노력하기보다는 오히려 포기할 수도 있다는 생각이 들었다. 그래서 효율적인 평가 시스템을 마련하기가 어렵다. 센터장과 이야기를 나누어 연구원들의 분위기를 확인했다. 그리고 센터장의 청원을 듣고 기회를 한 번 더 주기로 결정했다. 곧 대구연구센터를 방문해서 센터의 꿈과 목표를 구성원들에게 다시금 강조하고, 평가에 대해 진솔하게 의견을 나누었다.

2016년이 되자, 기적 같은 일이 일어났다. 일부 연구원들이 한국

연구재단에서 연구비를 확보하고 논문이 게재되는 등 대구연구센터의 실적이 획기적으로 개선된 것이다. 자그만 배려가 기적을 창출한 셈이다. 그동안 어려운 환경에서도 묵묵히 센터의 발전을 이끌어온 박경택 센터장에게 감사하고, 그 뒤를 이어 센터를 이끌게 된 권오원 센터장과 우현수 실장에게 격려와 박수를 전한다. 너무 젊은 센터장과 실장을 임명하자 불안해했던 본원의 연구진에게는 더욱 의미 있는 결과였다. "변화는 꿈과 목표가 뚜렷할 때 이루어진다"라는 것을 다시금 확인한 계기였다.

대구연구센터의 실적은 이후 계속해서 개선되고 있다. 2015년의 결정이 뒤바뀌지 않았다면, 결과가 어떻게 됐을지 누가 알겠는가? 때로는 황소걸음이 빠른 걸음일 수도 있다.

객관적이고 합리적인
대학 평가 시스템

━━━━━ 1992년 9월, KAIST는 미국 대학 공학교육의 평가를 담당하고 있는 ABET로부터 교육 및 연구 프로그램을 진단받았다. 이는 같은 해에 수도권 대학의 수준을 평가하기 위해 총장들로 구성된 대학교육협의회가 시행한 물리학과 및 전자공학과 교육 프로그램 진단과 비교해볼 때 의미 있는 결정이었다.

ABET 평가는 상대적인 줄 세우기 식 평가라기보다는 절대적인 수준 평가였다. 사회에서 필요로 하는 공학도를 길러내고 있는지 검증받을 수 있는 절호의 기회이기도 했다.

우리나라는 첨단 선진국을 목표로 하면서도 그에 걸맞게 대학 교육의 수준을 향상하지 못하고 있다. 1992년, 대학 총장들로 구성된

1992년 9월 21일, KAIST 교육과 연구 평가를 위해 방문한 ABET 평가팀. 한국과학기술원 사진 제공

대학교육협의회에서 대학교육평가위원회를 조직하고 국내 대학의 물리, 전자공학 분야에 관해 평가했는데, 평가 결과가 불러온 사회적 파장으로 우왕좌왕하고 있었다. 수도권의 모 대학에서는 대학기관 평가에서 C등급으로 평가받아 학생 소요가 일어나기도 했다.

이는 2019년도 전국 대학교 기획처장 회의에서 지적한 것처럼, 교육의 평가가 절대 평가보다는 줄 세우기 식 상대 평가로 이루어지기 때문이다. 올바른 평가란 대학이 주어진 임무를 얼마만큼 잘 수행하는지 살펴보고, 필요한 것이 무엇인가를 밝혀서 지속적인 정책 지원을 통해 발전하도록 도와주는 것이다.

대학의 주요한 사명 중 하나는 사회에서 필요로 하는 인력을 배출하는 것이다. 대학은 대학이 아닌 사회가 원하는 인재를 배출하는 곳이므로, 상아탑과 일반 사회는 인식의 차이가 생길 수도 있다.

따라서 올바른 평가를 위해서는 대학교수뿐만 아니라 일반 산업체나 연구소에 있는 관련자도 평가단원에 포함하는 것이 바람직하다. 다행스럽게도 KAIST 교육 및 연구 프로그램 평가를 위해 방문한 ABET 평가팀은 공정한 평가의 필요조건을 모두 충족하고 있었다. 더구나 세계 여러 나라에서 대학 교육 자문에 응하고 있는 ABET의 평가는 국제적으로 인정받을 기회이기도 했다.

우리나라도 ABET와 같은 기관을 만들어 국내 대학 교육을 올바로 평가하고, 그 결과를 인정받을 수 있게끔 발전시키는 것이 바람직하다. 이미 ABET는 1989년에 영국, 캐나다, 멕시코, 오스트레일리아, 뉴질랜드 등과 워싱턴협정(Washington Accord)에 따라 상호 인정 협정을 맺고 있다.

1992년 ABET 평가를 바탕으로, 필자는 전문 학술 단체의 장들을 주축으로 하는 비영리 대학 평가 단체를 만들자고 KAIST 경영진에 제안했다. 다행히 1999년 3월에 대학교육협의회에서 한국공학교육인증원(Accreditation Board for Engineering Education of Korea, ABEEK)을 만들어 대학 교육 프로그램 인증 사업이 시작되었다. 평가 기준의 설정 및 평가 방법 등은 여러 경로로 축적된 경험을 바탕으로 정하고, 공개적이고 객관적으로 평가할 수 있도록 관계된 모든 인력이 노력을 합치기로 했다.

한국공학교육인증원의 적극적인 활동을 통해 합리적인 평가가 이루어지게 되면, 대학 교육이 균형 잡힌 발전을 이루고 효율적인 교육 투자의 틀을 만들 수 있다. 그래야 우리의 고급 두뇌가 밖으로 유출되지 않을 것이고(2019년 11월 26일 《조선일보》는 한국과학기술기획평가원 자료를 인용해 새내기 이공계 박사 중 약 1,600명(28.5%)이 외국행을 원한다고 보도했다), 우리나라가 교육 선진국이 될 것이다. 2019년 영국의 세계대학평가기관 QS(Quacquarelli Symonds) 대학 순위 평가에서, 졸업생 취업 능력 평가 항목에 대해 30개 국내 대학 중 서울대, KAIST, 고려대, 포항공과대 등 28개 대학의 평가 결과가 2018년보다 하락했다는《조선일보》의 보도를 다시금 곱씹어볼 때다.

고등교육 재정 지원 강화에 대한 고민

■■■■ 1992년 ABET 평가팀의 KAIST 평가 최종 보고 서에는 다음과 같은 지적이 있었다. "학사 과정의 수준을 대학원 과 정과 같은 수준으로 끌어올리기 위해서는 학사 과정 교육에 교수들 이 더욱 신경을 쓰는 것이 바람직하고, 학과별 학사 과정 수준의 차 이를 줄이는 방안을 모색해야 한다."

특히 학사 과정 교육에 사용되는 일부 장비가 노후된 것을 보완 하기 위해 장비와 관련 설비의 보수 및 유지, 현대화를 위한 체계적 인 계획 및 재원을 마련해야 한다고 강조했다. 컴퓨터를 이용한 교 육 및 연구 활동을 강화해야 하므로, 컴퓨터 장비의 보완과 도서관 의 학술 참고 문헌을 확충해야 한다고도 했다. 일부 화학 관련 실험실의 공기 정화 장치나 세면대, 비상 샤워실 등과 같은 시설물의 미비점을 보완하고, 실험실 또는 공작실의 안전사고에 대한 대비책을 철저히 마련할 것을 지적했다. 일부 화학 실험 과목에서 보안경 사용과 같은 기본적인 안전 수칙을 지킬 것을 당부하기도 했다.

아울러 ABET 평가팀은 논문 편수로만 교수를 평가하지 않도록 하고, 교육과 연구 및 논문의 질, 학계 봉사 등을 함께 고려하도록 권고했다. 행정 기여도, 발전 가능성, 전문 분야 및 산업계에 이바지한 정도 또한 평가 기준에 포함하는 것이 바람직하며, 공정한 평가를 위해서는 외부 전문가의 의견을 듣는 것이 필요하다. 우수한 교원을 확보하기 위해서는 특진 또는 인센티브 시스템을 도입해야 한다. 학제 간 연구 및 교육을 활성화하고, 이를 중요하게 이끌 방안을 마련하는 것도 중요하다고 밝혔다. 따라서 창의적 종합 설계 같은 과목을 도입하여, 지금까지 축적된 연구 경험 및 자원의 활용을 극대화하는 것이 바람직하다고 조언했다.

정부는 KAIST를 대덕으로 이전하면서 한국과학기술대학과의 통합에 따른 과학기술 교육 강화 사업을 추진했다. 이를 위해 1990년 봄에는 연구개발팀이 주축이 되어 국제부흥개발은행(International Bank of Reconstruction and Development, IBRD) 차관위원회를 구성하고, 차관 자금을 유치하기 위해 보고서를 작성했다. 차관 자금은 실험 실습 장비를 강화하기 위한 것으로, 교수 해외 연수 200만 달러, 해외 전문가 초빙 80만 달러, 과학기술 도서 구매 120만 달러 등 총 1,600만 달러였다. 사업 기간은 1993년에서 1997년까지 5년간이었다. ABET 평가팀이 지적한 일부 사안을 해결할 수 있는 절호의 기회를 맞은 것이다.

지금은 호랑이 담배 피우던 시절의 얘기라고 여길지 모르지만, 1990년대 초반만 해도 개인용 컴퓨터는 널리 보급되지 않았다. 실험 기자재를 신청하라고 했더니 개인용 컴퓨터만 잔뜩 신청했다며 경제기획원 담당자가 불만을 얘기할 정도였다. 난처한 상황에서 ABET 의 평가 보고서는 정부를 설득할 수 있는 좋은 근거가 되었다. 이후로 우리 정부는 외국에서 차관 자금을 빌려 대학이나 연구기관을 지원해주는 프로그램을 끝냈다.

2019년 6월에 열린 전국대학교기획처장협의회는 하계 세미나에서 2009년에 시작된 대학 등록금 동결 조치에 따른 부족한 재정을 국가가 지원해달라고 강력히 요구하고 나섰다. 아울러 협의회는 "국가 장학금을 제외한 교육 예산에 비해 고등교육 예산 비중이 2010년 10.5%에서 2019년에는 8.5%로 줄었으며, 물가상승률을 제외한 불변 가격 기준으로 2009년 대비 2018년 국·공립대학의 실질 등록금은 16.4%, 사립대학은 11.8% 급락했다"라고 밝혔다.

국제경영개발대학원(International Institute for Management Development, IMD)의 2017년 국가 경쟁력 순위에서 우리나라의 대학 교육 경쟁력은 63개국 중 37위다. 세계경제포럼(World Economic Forum, WEF)의 국가 경쟁력 순위가 2011년 24위에서 2017년 26위로 하락하는 동안, 대학 시스템의 질은 55위에서 81위로 급락했다. 한강의 기적은 교육에서 비롯된 것임을 기억해야 한다. 4차 산업혁명도 잘 훈련받은 인력이 공급되어야 이룰 수 있다. 교육 목적에 맞게 고등교육 재정 지원을 강화할 방안이 시급한 이유다.

대학 투자의 우선순위를
명확히 해야 한다

▬▬▬▬ 2008년 봄에 1차 해외기술발표회(Technical Tour)를 자연과학 분야 위주로 다녀온 후, 2차 방문 팀은 화학과 이지오 교수, 생명과학과 한용만 교수, 전기·전자공학과 최경철 교수, 전산과 오트프리드 정(Otfried Cheong) 교수, 기계공학과 배중면 교수로 구성해 공학 분야를 늘렸다. 관례대로《과기원신문》김은희 편집장과《KAIST 헤럴드》김지수 편집장도 동행했고, 총장실의 행정원도 참여했다.

방문 대학은 덴마크공대, 네덜란드 델프트공대, 독일 아헨공대, 프랑스 에콜폴리테크니크와 파리공대였다. 방문 기간은 2009년 10월 25~31일로, 독일 출신인 정 교수가 동행하여 의미를 더해주었다.

다행히 2차 해외기술발표회는 큰 탈 없이 시작되었다. 1차 해외기술발표회에 동행했던 정아람 기자의 '국제화 시대에 영어와 소통의 중요성을 절감하고 세계 속 KAIST의 위상을 피부로 느꼈다'라는 2008년 4월 15일 자 《KAIST 헤럴드》에 실린 동행 기사는 의미가 있다.

2008년 아울러 《과기원신문》 김은희 편집장은 "단기간에 KAIST가 많이 성장했지만, 그동안 수행한 과학기술 연구의 세계적인 영향력은 적다"라고 날카롭게 지적했다. "KAIST가 세계적인 대학으로 발전하기 위해서는 공동의 목표를 명확히 하고 구성원 모두 함께 노력해야 한다"라는 김은희 편집장의 결론은 지금도 유효하다.

방문 대학과는 지속해서 국제 협력을 강화할 수 있었다. 2011년 말, 한국전쟁에 참전했던 간호사 루네 요나손(Rune Jonasson)과 남편 케르스틴 요나손(Kerstin Jonasson)이 7천만 크로네(약 118억 원)를 스웨덴왕립공대에 기증했는데, 이 중 20억 원가량을 KAIST와 학생 교류 사업에 쓰기로 한 것도 우연은 아닌 듯싶다.

그러나 2009년 이후로 해외기술발표회가 지속되지 못한 것은 아쉽다. 2008년 가을에 시작된 세계연구중심대학총장회의(International Presidential Forum on Global Research Universities)는 2016년까지 진행되었다. KAIST 구성원들이 지속적으로 노력을 기울여 국제적인 인지도가 향상된 한편 정부의 지원에 힘입어, KAIST의 2007년 대학 순위는 198위에서 132위로 올랐다. 당시 서울대는 51위였다. 공교롭게도 KAIST 순위는 계속 올라서 95위(2008), 69위(2009), 79위(2010), 63위(2012)로 상승했다. 상승세는 2018년에 40위장을 만나 인터뷰를 했다. 신문사는 우리 학교처럼 도서관 건물 안에 있었다. 도서관은 마치 잔디 속에 파묻혀 있는 것 같은 형태로, 건축물과 잔디가 적절한 조화를 이루고 있었다. 디자인으로 유명한 학교인 만큼 건축물도 각각 특색 있게 꾸며놓은 듯 했다. 델프트공대의 편집장은 학생인 우리와는 달리 신문사 일 만을 담당하는 고용 직원이었다. 또한, 카페나 기사 작성, 편집 등도 대부분 각 분야에 특화된 전문가가 담당했다. 무려 20쪽의 신문을 발행하는데, 특히 전면이 컬러인 과학 기술 전문가의 인터뷰 기사가 많은 것이 인상 깊었다.

델프트 공대의 편집장과 헤어지고 난 후 일행과 합류해 항공 연구소와 기계 및 재료 연구소를 돌러보고 독일 아헨으로 가는 버스에 몸을 실었다.

자랑스러운 우리 학교 연구 성과

저녁 9시가 다 되어서야 아헨의 호텔에 도착했다. 델프트공대에서 바로 출발한 탓에 저녁을 먹지 못했지만 파곤해서인지 배고픔도 느끼지 못했다. 호텔에서 간단히 요기를 한 후 잠을 청했다. 다음 날 아침, 아헨공과(Rheinisch Westfälische Technische Hochschule Aachen)에 도착했다. 이헨공대에서는 그동안 다른 취재 일정으로 듣지 못했던 우리 학교 교수들의 연구 성과 발표를 들었다. 이 교수는 TLR4·MD 복합체에 의한 리간드 인지, 정 교수는 조립가하학과 회단아론, 최 교수는 방사성과 투명한 폴렉시블 디스플레이 기술, 배 교수는 중질탄화수소 연료 개발기 및 금속지지체형 고체산화물 연료전지 기술의 최신 연구 동향을 소개했다. 모든 것을 다 이해하기는 어려웠지만, 우리 학교 교수가 최신 연구 성과를 다른 대학 교수들에게 담담하게 발표하는 모습을 보며 자랑스러움을 느꼈다.

구수한 맥주의 잊을 수 없는 맛

교수들의 연구 성과 발표 후에는 아헨 시내에 있는 레스토랑으로 이동해 점심을 먹었다. 점심식사 후 일행의 취향을 일어 나와 카이스트헤럴드 편집장은 아헨 시내를 구경했다. 이번 투어에서 첫 자유시간이었다. 독일의 도시는 어디를 가나 그 구조가 비슷하다. 중앙광장에 시청이 있고 그 근처에 상담이다. 저녁소개 후에는 이번 시내에 있는 레스토랑에서 식사를 했다. 이후 맥주를 마시며 교수들의 개인적인 이야기와 경험담 등을 들을 수 있었다. 교수들과의 사이에 항상 존재하던 두꺼운 벽이 한 꺼풀 벗겨진 것 같은 느낌이 들었다. 좋은 사람이 전하는 즐거운 이야기와 함께해던 그날 탐의 구수한 맥주 맛이 아직도 그립다.

11개 대학의 거대집합체, 파리공대

29일의 일정은 아침에 버스를 타고 프랑스 파리로 이동하면서 시작되었다. 일정이 끝에 다다를 수록 더욱 파곤했다. 파리에서는 머리 외사 기다리고 있던 파리공대(Paris Tech. Paris Institute of Technology)의 국제협력팀 직원이 우리를 맞았다. 짐을 풀고 호텔 레스토랑으로 내려가 파리공대 Cyrille van Effenterre 총장과 점심식사를 했다. 우리 테이블에는 파리공대의 부총장이나, 파리공대의 하나인 델레콤 파리테크의 교장인 Yves Poilane 교수가 함께했다. 교수는 파리공대가 광학대학원 외에 에콜 폴리테크니, 델레콤 파리테크 등을 포함한 11개 학교로 구성된 거대한 대학집합체라고 설명했다. 또한, 파리공대 전체를 총괄하는 총장 아래에 각 학교 교장을 두어 지도되도록 하고 있다고 덧붙였다. 유럽에서 지낸 지 닷새 정도 지나자 슬슬 우리나라 음식이 그리워지기 시작했다. 처음 먹어 본 프랑스 음식은 내 입장에 맞지 않았다. 하지만, 프랑스 국민의 자국 문화에 대한 강한 자존심을 익히 들어왔기 때문에 무리없이 많이 먹기도 했다.

점심 후에는 파리공대의 하나인 에콜 폴리테크니크로 이동해 국제협력팀 직원으로부터 학교 설명을 들었다. 그날이 마침 프랑스의 공휴일이어서 학교가 대우 조용하다. 또한, 많은 교수가 이번 기술교류 및 설명회에 참석하지 못했다. 서 총장의 발표 후에 국제협력팀의 Sylvain Ferrari씨가 에콜 폴리테크니크을 소개했다. 에콜 폴리테크니크은 과학기술, 산업, 경제의 지도자를 육성하는 것을 목표로 하고 있으며, 이를 위해 과학교육과 연구의 협력을 맺고 있다. 대학소개 후에는 만찬된 KAIST·에콜 폴리테크닉 양쪽각각 편신들 체결했다. 이후 연구실을 방문해 연구실 소개와 연구 분야에 대한 이야기를 들었다. 박으로 나오니 이미 해가 지고 어둑어둑해져 있었다. 호텔로 이동한 후 유럽 음식에 물린 우리 일행은 호텔 근처 일식집을 간신히 찾아내 저녁식사를 해결했다.

델레콤 파리테크, 그리고 유럽에서의 마지막 밤

유럽에서의 마지막 일정은 델레콤 파리테크를 방문하는 것이었다. 다음 날 사우디의 KAUST에서 일정이 있었던 서 총장은 이 날 우리와 함께 하지 못했다. 델레콤 파리테크로 이동하는 동안 정류소로 보이는 거리와 건물에서 프랑스의 정취가 물씬 풍겼다. 거대한 개선문과 에펠탑을 그냥 지나치며 많은 아쉬움이 남았다. 연행기 다시 한 번 파리를 찾아 제대로 구경하리라 다짐했다.

델레콤 파리테크에 도착하며 Jean Francois Naviner 교수로부터 델레콤 파리테크에 대한 설명을 들었다. 델레콤 파리테크는 파리공대 중에서도 통신과 전자기학을 전문으로 하는 대학으로, 정보 및 컴퓨터 분야에서 수준 높은 교육과 연구를 제공하는 것을 목표로 하고 있다. 50개국에서 온 국제학생이 50%나 차지한다는 특징이 있다. 또한, 많은 학생이 연구 분야에 종사하는 우리 학교와는 달리 델레콤 파리테크의 학생 중 30%가 컨설팅 분야에 종사하며, 연구 분야는 단 2% 정도만을 차지하는 것도 인상 깊었다. 교수는

▲ 델프트공대의 편집장과 각자의 신문사에 대한 정보를 나누고 있다

▲ 에콜 폴리테크니에서 연구실 탐방을 하고 있다

프랑스의 대학이 기업과 회사와 연구 협력을 맺고 있다고 말했다. 이는 여러정 방문했던 대학마다 한 번씩은 강조했던 것으로, 대부분의 유럽 대학은 산업과의 연결망 형성을 중요시하는 듯했다. 소개가 끝나고 델레콤 파리테크와 우리 학교는 석사과정 복수학위제도에 대한 긍정적인 의견을 나누었다. 구체적인 방안은 차후에 의교별 특징에 따라 결정될 예정이다.

강의실로 이동해 델레콤 파리테크 과 학생과 교수의 참석 하에 김 처장이 우리 학교를 소개했다. 이후 최 교수의 디스플레이 연구 발표와 정 교수의 화단이론 발표가 이어졌다. 한국제 프 랑스인 섬자분 씨도 참석했는데, 그녀는 석사과정을 마친 후 우리나라에서 박사학위를 딸 계획이라고 말했다. 다 함께 점심을 먹고 나와 카이스트헤럴드편집장은 성 씨의 안내로 파리 벽화 정과 상점이 모여 있는 시내를 구경했다. 과선의 도시라는 이름답게 파리의 백화점은 사람들로 가득했다. 골목 조금 여유가 있어 노트르담성당, 루브르 박물관 등 파리 명소들을 돌러보며 시간을 보냈다. 유일하게 제대로 관광할 수 있었던 날이었다. 탑이 되자 갑자기 기운이 없어졌다. 따뜻한 크레페를 먹으며 추위를 달래다 작은 바에 들어가 일행과 소소한 이야기를 나누었다. 그렇게 유럽에서의 마지막 밤이 지나갔다.

국제화 시대와 영어의 중요성, 그리고 우리가 나아가야 할 길

31일 파리공항에서 비행기를 타고 1일 아침 인천공항에 도착했다. 서로 격려의 인사를 나누고 헤어졌다. 유럽 투어는 그립게 끝이 났다. 택시를 타고 우리 학교 정문을 통과하니 다시 밀린 숙제거는 답답한 현실과 마주하게 되었다.

8일간의 짧은 일정이었지만 많은 정을 얻었다. 개인적으로는 요즘 같은 국제화 시대에 영어가 얼마나 중요한지를 절실히 깨달았다. 우리나라에서는 영어의 필요성을 실감하지 못한다. 하지만, 외국에 나가보면 상황은 바뀐다. 언어라는 장벽 때문에 자신의 생각을 다른 사람에게 제대로 전달할 수 없는 답답함을 처음 느꼈다.

또한, 직접 외국 대학을 방문하며 '세계 속에 KAIST'가 어떤 위치를 차지하고 있는지 깨달게 되었다. 최근의 대학 순위와 신 문기사가 보여주는 우리 학교는 분명히 단기간에 많이 성장했다. 하지만, 정작 우리 학교를 인식하고 있는 학교는 많지 않았다. 실직이 이번에 방문했던 대학 대부분이 우리보다 공식 순위가 앞서 있는 것들 일뿐이 아니지만, 지리적인 이유도 있겠지만, 그것보다는 아직 우리 학교 과학기술연구의 영향력이 작지 때문일 것이다. 중요한 것은 대학 순위가 아니라 대학의 연구기술수준과 우수한 연구환경이다. 그리고 이들 뒷받침할 수 있는 좋은 연구 환경이다. 하지만, 이번 투어를 통해 학교가 생각보다 많은 노력을 하고 있다는 것을 알게 되었다. 이번 투어 역시 이러한 노력의 일환이다. 하지만, 우리의 목표는 비단 학교만의 노력으로 이룰 수 없다. 학교, 교직원, 학생이 명확한 공동의 목표를 가슴에 담고 노력할 때에 비로소 우리 학교는 모두가 인정하는 세계최고대학이 될 수 있을 것이다.

김영희 기자
hou·hou@kaist.ac.kr
사진 · 홍윤주 총장비서 제공

▲ 온라인 전기차 홍보 동영상을 보여주는 모습

까지 올라갔다가 2019년에는 주춤하는 추세다.

2009년만 해도 우리보다 대학 순위가 낮았던 난양공대의 순위가 현재 우리보다 앞선다. 싱가포르 정부의 '선택과 집중' 투자 전략 덕분이다. 싱가포르 정부는 난양공대가 2011년에 의과대학을 신설할 수 있도록 지원을 아끼지 않았지만, KAIST가 주도하여 미 국립보건원과 같은 연구 중심 병원을 세우겠다는 프로젝트는 지금도 제자리걸음을 하고 있다. 더욱이 싱가포르국립대와 난양공대는 총장이 연임하면서 대학의 지속적인 발전을 위해 매진했다.

1992년 3월 16일 자《과기원신문》의 주요 기사 목록(223쪽 참조)에 실려 있는 수학과 서동엽 교수의 꿈인 'KAIST 구성원의 노벨상과 필즈상 수상'은 아직 이루어지지 못하고 있다. 목표와 꿈을 가지고 계속 노력하여 언젠가 꿈이 이루어질 날을 구성원의 한 사람으로서 기대한다.

한국 정부도 세계적인 프로그램을 만들기 위해 분산 투자 전략에서 벗어나 싱가포르와 같이 투자의 우선순위를 명확히 해야 한다. 대학도 모든 분야에서 잘하려 하기보다는 장기적인 안목에서 가능성 있는 분야를 지속적이고 자발적으로 키울 수 있도록 전략과 대책을 마련하는 것이 시급하다.

2장

재정과 대학 운영의 긴밀한 관계

연구중심대학과
대학 재정의 중요성

━━━ 2019년 세계대학평가기관인 QS의 세계 대학 순위 평가 결과가 6월 19일 자《조선일보》에 발표됐다. MIT가 8년 연속 부동의 1위를 차지했고, 2위는 스탠퍼드대, 3위는 하버드대였다. 이 보도 자료에 의하면, 서울대는 37위, KAIST 41위, 중국의 칭화대는 16위였다. 그러나 동년 11월 27일《조선일보》에 보도된 아시아 대학만의 순위에서는 싱가포르국립대와 난양공대(세계 대학 순위 공동 11위)가 1위와 2위, 홍콩대 3위, 중국의 칭화대 4위, KAIST가 9위, 서울대 11위에 올랐다.

2009년에 시작된《조선일보》와 QS의 아시아 대학 순위에 따르면, 10년 전에는 홍콩대가 1위, KAIST 7위, 서울대 8위, 싱가포르국립대가 10위였다. 2018년 국제협력지수가 평가 지표에 반영된 후, 한국 대학의 경쟁력 약화는 국제화 및 졸업생 평판도 지수를 고려해볼 때 예상된 결과다.

QS의 평가 담당관인 벤 쇼터(Ben Sowter)는 2019년 세계 대학 순위 결과에 대해 《조선일보》를 통해 다음과 같이 이야기했다. "한국 대학의 교육열은 OECD 국가 중에서도 세계적인 수준이다. 이스라엘만이 GDP 대비 교육 비용이 한국보다 높은 것으로 알려져 있다. 하지만 최근 인터넷의 발달로 정보, 지식, 데이터에 대한 접근은 상당히 쉬워졌기 때문에 정보 자체의 중요도는 떨어졌으나, 이를 활용하거나 다루는 능력이 더욱 중요해졌다. 따라서 정보 활용 능력을 갖춘 학생들이 고용주에게는 더욱 매력적일 수밖에 없다."

21세기 스킬스 갭(Skills Gap) 보고서는 "고용주로서는 문제 해결 능력, 커뮤니케이션, 적응력, 팀워크, 비판적 사고 능력과 같은 소프트 스킬이 전공 과목 관련 지식이나 기술보다 더 중요하게 평가된다"라고 밝히고 있다.

그러므로 "QS 세계 대학 순위의 평가 항목 중 하나인 고용주 평가 결과를 봐도 고용주들이 소프트 스킬에 미숙한 대학 졸업생에게 등을 돌리고 있는 것으로 확인되었다. 한국의 대학들이 학생들의 소프트 스킬을 계발하는 데 초점을 맞추어야 앞으로의 경쟁에서 살아남을 수 있을 것이다"라고 쇼터는 강조했다.

싱가포르국립대나 난양공대의 경우 2009년만 해도 서울대나 KAIST보다 대학 순위가 뒤처져 있었으나, 2013년에는 싱가포르국립대가 2위, 서울대 4위, KAIST 6위, 난양공대가 10위를 차지했다.

그리고 아시아 대학 평가가 시작된 지 10년 뒤, 국가의 전폭적인 투자에 힘입어 싱가포르국립대와 난양공대는 세계에서 11위, 아시아에서 1위와 2위에 오른 것이다.

대학의 순위는 단순한 숫자일 뿐이다. 실제로 대학이 지닌 역량이나 축적된 지식이 더 중요하다는 사실을 부정하려는 것은 아니다. 하지만 일부 대학 총장들이 세계 10위권 대학에 진입하는 것을 목표로 내세우고 있음을 기억해야 한다.

그러나 자원이 제한된 국내 대학의 현실을 고려해보면 암울할 뿐이다. 2019년도 전국대학교기획처장협의회 하계 세미나에서 발표된 자료는 "공교롭게도 2009년은 등록금 부담 완화를 위한 등록금 동결 정책이 시작된 해로, 이후로 대학의 재정 형편은 계속 어려워지고 있다"라고 밝히고 있다.

현재 QS 세계 대학 순위 1, 2, 3위는 모두 미국의 사립대학이다. 이들의 재정이 어느 대학보다 튼튼하다는 것은 잘 알려져 있다. 더욱이 주목해야 할 부분은 지난해 OECD 교육 통계다. 전국대학교기획처장협의회가 발표한 2019년 6월 18일 자 보도에 의하면, "한국 대학생 1인당 고등교육 공교육비는 구매력 기준 1만 109달러로, OECD 평균 1만 5,656달러의 65%에 지나지 않는다. 학생 1인당 고등교육비는 2009년 국민 1인당 GDP 대비 35% 수준에서 5년 후 28%까지 하락했다"고 한다. 또한 "정부가 OECD 평균 이상으로 학생 1인당 고등교육 공교육비를 보장할 수 있도록 대학에 대한 투자를 높이지 않는 한, 대학의 경쟁력 약화는 불 보듯 뻔하다"라고 지적하고 있다.

대학 재정의 중요성은 2008년 9월 KAIST가 개최한 제1회 세계연구중심대학총장회의에 참석한 많은 총장도 이구동성으로 강조했다. 세계 대학 순위 10위권에 진입하려면, 싱가포르의 예에서 볼 수 있듯 현실에 맞게 구체적이고 합리적인 실행 방안을 하루빨리 도출해서 실천에 옮겨야 할 것이다.

참고로 후학들에게 도움이 되기를 바라며 만들었던 2008년부터 2011년까지 4년에 걸쳐 개최한 총장 회의의 회의록을 소개한다 (http://forum.kaist.ac.kr에서 다운 가능).

┃ 2008~2011년 세계연구중심대학총장회의 회의록 표지.

국제적으로 인정받는
대학을 만든다

━━━━━　2008년, KAIST 서남표 전 총장을 모시고 런던 교외에 있는 QS 본사를 방문했다. 총장과 눈지오 쿼커렐리(Nunzio Quacquarelli) 사장과의 면담은 매우 흥미로웠다. 쿼커렐리 사장은 임페리얼칼리지 졸업생으로 펜실베이니아대학교 와튼경영대학원에서 MBA 학위를 마친 마케팅의 귀재였다.

QS는《타임스》와 함께 세계 대학 순위를 매겨, 2005~2009년에 《타임스》를 통해 발표했다. 2010년부터는 QS와《타임스》가 독자적으로 인터넷 플랫폼을 이용해 대학 순위를 발표하기 시작했다. 순위 산정 방식에서는 전문가 평가 항목의 비중(QS 40%,《타임스》 33%)이 가장 컸다. 이 항목은 주관적인 평가에 의존하지만, 평가 결과에 가장 크게 영향을 미친다. 《조선일보》와 《중앙일보》가 각각 QS와 《타임스》의 순위를 국내에 소개한다.

서 총장은 "대학 순위 평가는 역사가 오래된 종합대학에 유리할 수 있다"라며, "의과대학 논문의 인용도가 자연대나 공대보다 상대적으로 높다"라고도 지적했다. 일반적으로 논문의 인용도는 분야에 따라 편차가 크다. 평가 시스템은 이 같은 차이를 세밀히 반영하지 못한다. 역사가 짧은 학교의 경우 지명도가 떨어지기 때문에 전문가 의견에서도 점수가 낮은 것은 당연하다.

이에 대해 쿼커렐리 사장은 "전문가의 주관적인 평가의 공정성은 이미 알려진 통계 기법으로, 정량적인 요소와 정성적인 부분을 합친 정당성 있는 시스템"이라면서 "이를 대체할 수 있는 좋은 방안이 있다면 고려해보겠다"라고 답했다.

서 총장은 전공 분야에 따라 개별 평가하는 것이 학생들에게 좀 더 의미 있는 정보가 되지 않을까 하는 의견을 제시했고, 쿼커렐리 사장은 좋은 제안이라며 검토해보겠다고 답했다.

필자는 여러 가지 상황을 고려해볼 때, 현재와 같은 평가 시스템에서는 KAIST의 QS 세계 대학 순위가 서울대와 비슷한 수준까지 올라가면 다행이라고 이야기했다. 서 총장은 필자의 목표치가 너무 낮은 것이 탈이라고 지적했다. QS 순위는 2008년 서울대는 50위였고 KAIST는 95위였다. 2009년에는 서울대가 47위이고 KAIST는 69위로 향상되었다. 순위 변화를 살펴볼 때, 질적인 차이보다는 대외 지명도가 훨씬 크게 작용한다는 것은 명확했다.

《타임스》가 독자적으로 발표하기 시작한 순위에서, 포스텍(포항공과대학)은 2010년 세계 28위, 2015년 116위로 평가되었다. 2010년 서울대는 109위였고 KAIST는 79위였다. 이를 볼 때, 평가 시스템의 지표에 따라 대학 순위가 크게 변할 수 있다는 것을 다시금 확인했다.

KAIST가 QS를 방문한 이후, QS는 전체 대학 순위와 더불어 분야별 순위도 발표하기 시작했다. 신소재공학과가 2017년에 해당 분야에서 세계 13위라는 성적을 거두었다. 이 평가는 국내 대학이 거둔 최고 성과 중 하나였다. 상대적으로 좋은 평가를 받기 위해서는 자발적인 노력이 필요하다는 것을 다시금 절감한다.

대학 순위가 모든 것을 대변한다고 볼 수는 없으며, 국제적으로 인정받는 결과를 만들어내는 연구 분야 또는 팀을 확보하는 것이 더 큰 의미가 있다. 그러므로 자원이 한정된 만큼 선택과 집중을 할 수밖에 없다.

대학 지원에도
선택과 집중이 필요하다

━━━━━ KAIST 세계연구중심대학총장회의는 2007년 QS
세계 대학 순위 평가에서 KAIST가 198위에 머무르자 "어떻게 하
면 국제적인 인지도를 올릴 수 있을까?" 하고 고심한 끝에 탄생시
킨 행사다. 그해 10월 서남표 전 총장은 필자에게 홍보국제처장 임
명장을 건네며 "세계 대학 순위를 매년 30단계씩 올리라"고 웃으며
말했다.

미 항공우주국 에임스 연구소(NASA Ames Laboratory)와 2008년
1월 상호 동의 각서를 체결하기 위해 캘리포니아 주 팰로앨토에 머
물렀다. 필자는 이곳에서 KAIST의 국제 인지도를 향상하기 위해
KAIST 세계연구중심대학총장회의와 해외기술발표회 추진을 총장

에게 건의하고 허락을 받았다.

2008년, 1~9월이라는 짧은 준비 기간에도 1993년부터 14년간 국제협력실이 쌓아온 국제 협력 네트워크와 경험은 큰 힘이 되었다. 국내 대사관에 파견 나와 있던 과학 참사관들의 협조 역시 많은 도움이 되었다. 사전 행사장 준비와 같은 세부적인 사항은 물론, 참석자들과 같이 오는 동반자 프로그램 준비도 꼼꼼히 검토했다.

힘든 준비 과정을 거쳐 2008년 9월 8일 웨스틴조선호텔 그랜드볼룸에서 세계연구중심대학총장회의를 개최했다. 덴마크공대, 파리공대, 호주 퀸즐랜드대, 일리노이공대 등 외국 대학 총장 12명과 국내 대학 총장 8명을 포함해 20개국 100여 명이 회의에 참석해 우수 교수 교환 제도, 공동학위제, 연구 장비 및 기술 공유, 공동 연구, 네트워킹을 통한 국제화 등에 대해 발표하고 토론했다.

KAIST 서남표 전 총장은 인사말에서 "21세기에 필요한 인재를 양성하기 위해서는 제한된 자원을 효율적으로 활용하도록 국제 협력을 강화해 연구중심대학으로 발전해야 한다"라고 강조했다.

덴마크공대의 라스 팔레슨(Lars Christian Pallesen) 총장은 1966년에 자신이 덴마크공대에 입학할 때에는 외국인 교수가 한 명뿐이었으나 현재 500여 명의 교수 중 50%가 외국인 교수라며, 각 대학의 경쟁력을 외국인 교수 비율로 가늠할 수 있다고 주장했다.

서 총장은 유럽, 아시아를 포함한 여러 지역에 비해 미국에 경쟁력 있는 연구중심대학이 많다고 지적하고, 이는 미국 정부의 투자전략에 따른 결과라고 주장했다. "미국 정부는 주요 10개 대학에 재원을 집중적으로 투자하여 국방과 보건 등에 관한 연구를 강화하고

2008년 9월 8일, 서울 웨스틴조선호텔에서 개최된 제1회 세계연구중심대학총장회의에서 사회를 맡은 필자. KAIST 사진 제공

있다"라고 밝혔다.

또한 미국 내 주요 연구중심대학인 10개 대학의 1년 예산은 25억 달러(2조 7,500만 원), 50개 대학의 1년 예산 또한 10억 달러(1조 1천만 원)인 데 비해, 한국 정부가 대학에 사용하는 돈은 34억 달러(3조 7,400만 원)에 지나지 않는다고 밝혔다. 이는 하버드대의 1년 예산과 비슷하다.

재정 문제를 극복하기 위해서는 대학 간 국제 협력이 필수적이며, 국제 협력을 통해 부족한 자원과 시설 장비를 보충해야 미국의 연구중심대학과 경쟁할 수 있을 것이라며 많은 참석자들이 뜻을 같이했다.

"경제와 기업 또한 세계화하고 있으므로 학생들이 다문화를 이해하는 것이 절대적으로 필요하다. 다른 방식의 교육과 문화에 적응하기 위해서는 국제 협력이 많은 도움이 될 수 있다. 열린 사고가 반드시 필요한 시대"라고 파리공대의 시릴 에팡테르(Cyrille van Effenterre) 총장은 지적했다.

호주 퀸즐랜드대학의 폴 그린필드(Paul Greenfield) 총장은 "지리적으로 다른 대륙과 떨어져 있는 호주에서는 학사 과정 동안 다른 문화에 접해보는 것이 교육적으로나 졸업 후에 취직하는 데도 도움이 된다"라며, "국제 협력의 수혜자는 지속적인 성장 가능성이라는 관점에서 학교 구성원 모두에게 해당한다"라고 주장했다.

호주의 4개 대학교(퀸즐랜드대, 그리피스대, 모나쉬대, 서호주대)는 통합적인 수자원 관리를 위해 국제수자원센터(International Water Center)를 석사 과정 프로그램으로 운영 중이며, 남아프리카공화국에 있는 모나쉬 남아공분교는 2009년부터 국제수자원센터에 참여하기 시작했다.

조지아공대의 스티븐 맥로플린(Steven W. McLaughlin) 부총장은 "조지아공대 또한 남아프리카공화국에 있는 프레토리아대와 2008년 5월부터 물 부족 문제를 해결하기 위해 공동 연구와 교육을 시작했다. 앞으로 50명의 석사 과정 수료자가 배출될 것이다. 18년 전부터 아프리카의 물 부족 문제를 해결하기 위해 아프리카 연구팀들과 공동으로 연구해왔다"라고 발표했다. 애틀랜타의 물 부족 문제를 해결하기 위해 국제 협력을 통해 얻은 연구 결과를 활용하기도 했다고 밝혔다.

팔레슨 총장은 "덴마크공대에 부족한 연구 분야의 경쟁력을 강화

세계연구중심대학총장회의에서, 왼쪽부터 KAIST 서남표 총장, 호주 퀸즐랜드대 폴
그린필드 총장, 일리노이공대 존 앤더슨(John L. Anderson) 총장. KAIST 사진 제공

KAIST 닐 파팔라도(Neil Pappalardo) 메디컬센터를 기부한 파팔라도 회장 부인과
덴마크공대 팔레슨 총장 부인. KAIST 사진 제공

하기 위해 노르딕 기술대학 5(핀란드 알토대학, 덴마크공대, 노르웨이 과학기술대학, 스웨덴 찰머스공과대학, 스웨덴왕립공대)를 2006년부터 결성해서 국제 협력을 강화하고 있다"라고 밝히고, 성공적인 프로그램 운영을 위해서는 영어 교육이 필수적이라고 지적했다.

한편, 조지아공대의 맥로플린 부총장은 "조지아공대는 전교생의 25%인 4,500명이 외국인 학생이며, 이 중에는 인도인 1,000명, 중국인 850명, 한국인 700명이 포함되어 있다"라고 밝혔다. 공동 학위 프로그램과 관련해서는 "15개 프로그램을 운영하고 있는데, 프랑스의 그랑제콜(Grandes Écoles)과 같이 20년간 운영 중인 석·박사 프로그램이 성공적인 사례로, 지금까지 1,500여 명의 졸업생을 배출했다"라고 덧붙였다. 일반적으로 해외 캠퍼스는 독립채산제로 운영하고 있으며, 성공적인 프로그램 운영을 위해서는 지속적인 시간과 투자가 관건이라는 것이 그의 주장이다.

일반적으로 국제 협력이 활성화되어 프로그램이 정착되는 데는 시간과 노력이 필요하다. 또한 학생 수가 일정 규모 이상이어야 하고, 지속 성장을 위해서는 관련된 연구 분야 교수진의 협조와 노력이 가장 중요하다.

NASA의 10개 연구소 중 하나인 에임스연구소의 펜들턴(Yvonne J. Pendleton) 부소장은 포럼이 끝난 후 NASA-KAIST 박사후과정에 참여할 연구원을 인터뷰할 예정이라며, 처음으로 시작되는 프로그램이라 관심이 매우 크다고 밝혔다.

세계연구중심대학총장회의는 2008년부터 4년 동안 매년 주제를 달리해 개최되었다. 2009년에는 '연구중심대학의 도전', 2010년에는

'과학기술 중심 사회에서 연구중심대학의 역할: 기대와 성과', 2011년에는 '경계를 뛰어넘는 창조적인 교육'으로 정했다. 조촐하게 시작된 본 회의는 이후에도 지속되어 2012, 2013, 2016년에 KAIST 주관하에 성공적으로 개최되고 있다.

"기관 대 기관으로 이루어지는 공동 연구 주제는 전략적으로 대학의 경영진이 결정할 수밖에 없다. 재정적 능력이 가장 중요한 요인 중 하나이기 때문이다. 냉전시대에 미국 정부는 국방을 강화한다는 명목으로 컴퓨터, 전자공학 등이 강한 대학을 지원했다. 최근에는 생명과학이 강한 대학을 집중적으로 지원하고 있다. 그러나 우리나라를 포함한 많은 나라에서는 모든 대학을 균등하게 지원해야 한다는 생각이 강하다. 분산 투자 방식으로는 연구중심대학을 만들기가 어렵다. 21세기를 대비하는 인재를 양성하기 위해서는 연구중심대학이 필요하고, 잘하는 대학을 집중적으로 밀어줘야 한다"라고 참석자들은 의견을 모았다. 세계 주요 연구중심대학과 어깨를 나란히 하는 대학을 육성하기 위해서는 다시 한 번 곱씹어볼 만한 내용이다.

KAIST 세계연구중심대학총장회의

2016년 4월, 남산 하얏트호텔에서 세계 이공계 대학장이 한자리에 모였다. 프랑스의 에콜폴리테크니크부터 이스라엘의 테크니온대, 홍콩과학기술대 등 60여 개 학교에서 150여 명의 총장이 KAIST가 주최한 제7회 세계연구중심대학총장회의에 참석했다.

KAIST 세계연구중심대학총장회의는 2007년 QS 세계 대학 순위에서 KAIST가 198위에 머무르자, 어떻게 하면 국제적인 인지도를 올릴 수 있을까 고심한 끝에 탄생했다. 당시 KAIST 홍보국제처장을 맡았던 필자는 '매년 대학 순위를 30단계씩 올린다'는 임무를 완수하고 싶었다. 인터넷 사이트를 검색해보면 대학 총장 회의가 여러 곳에서 적지 않게 열리고 있지만, 정작 회의에서 어떤 이야기가 오가는지는 그다지 주목을 받지 못하는 것이 현실이었다. 필자는 다른 총장 회의와 차별화하기 위해 전략을 세웠다. 하나는 참석 대상을 연구중심대학으로 한정하고, 대학의 국제화를 위한 공동학위제 도입, 우수 교수 교환 제도 등과 같은 논의 주제를 선정하는 것이었다.

또 다른 하나는 참가하는 총장들에게 등록비를 받는 것이었다. 당시 서 총장은 어떤 유명 대학 총장이 등록비를 내면서까지 회의에 참석하겠느냐며 강하게 반대했다. 그러나 필자는 등록비를 낼 만큼 가치가 있는 회의라는 점을 참석자들에게 인식시켜야 연구중심대학총장회의의 지속 가능성을 높일 것이라고 판단했다. 다만 연사에게는 소정의 강연료를 지급하기로 했다.

다행히도 2016년 세계연구중심대학총장회의에서 뜻밖의 기쁜 소식을 접했다. 2008년 처음으로 개최했을 때 100여 명이 참석했는데, 발표자 중에는 미 항공우주국 에임스연구소의 펜들턴 박사도 있었다. NASA-KAIST 박사후과정을 개설하는 데 핵심적인 역할을 해준 고마운 분이다. 2009년에 시작된 이 프로그램을 통해 KAIST 김태민 박사와 한진우 박사 같은 젊은 연구자가 2016년에도 에임스연구소에서 일하고 있다고 전해 들었다. 세계 대학 순위를 올리기 위해 시작한 회의였지만, 다양한 국제화 전략을 접목하며 내실을 키웠기에 기쁜 소식도 접하게 된 것이다.

더불어 KAIST의 대학 순위도 2019년 40위까지 상승했고 단과대학별 순위에서는 2018년 공과대학 15위에 이름을 올리는 쾌거를 거두었다. 첫해의 논의 주제였던 복수학위제는 조지아공대, 아헨공대,

2008년 9월 8일, 서울 웨스틴조선호텔에서 개최된 제1회 세계연구중심대학총장회의.
KAIST 사진 제공

덴마크공대 등과 운영 협정을 체결해 진행되고 있으며, 다른 많은
대학에서도 도입하려 하고 있다.

미국의 시인 로버트 프로스트의 「가지 않은 길」이라는 시처럼, 누
구나 갈림길을 만나 한쪽 길을 택해야 할 때가 있다. 우리는 문제를
해결하기 위해 선택한 길이 옳기만을 희망하며, 나중에 후회하지 않
도록 노력한다. 젊은 과학기술자들이 자신의 길을 걸어가며 후회하
지 않기를, 혹여 잘못 길을 들어서 헤매더라도 실패에서 미래의 희
망을 볼 수 있기를 바란다.

한국기계연구원도 KAIST의 사례를 보며 성공적인 국제화를 위한
발판을 다지고 있다. 2014년 미래기계기술포럼 코리아(International
Forum Korea on Advances in Mechanical Engineering, IFAME)를
개최해 기계기술 분야의 미래에 대해 논의하는 자리를 마련한 데

이어, 매년 기계기술 분야의 세계적인 전문가가 한자리에 모이는 국제 협력의 장을 펼치기 시작했다. 시작은 미미하지만 방향을 제대로 설정한다면 언젠가 기대하지 않았던 뜻밖의 결실을 거두는 날이 올 것이라 믿는다.

3장

신규 사업에 대한 시도는 계속된다

과감한 도전은
또 다른 도전을 낳는다

■■■■ 한 기관이 발전하려면 국제 경쟁력 강화가 필수적이다. 이를 위해서는 체계적인 국제 협력을 위한 국제 행사가 많은 도움이 된다. 필자가 한국기계연구원장이 된 2014년에 홍보실 인원은 5명이었고, 그중 국제 관계 업무를 담당하는 직원은 1명뿐이었다. 담당 직원은 필자가 동년 10월에 국제 행사를 진행하는 것을 염려했다. 그래서 담당 직원에게 2008년에 개최했던 제1회 세계연구중심대학총장회의의 기획과 진행 과정을 자세히 설명해주었다. 국제 학술 대회를 국내에서 개최해본 경험을 바탕으로, 해외 초청 연사들의 사정을 고려해서 최소 6개월의 준비 기간이 필요했다.

일반적으로 접근성과 지역의 인지도를 고려하여 국내의 국제 행사는 주로 서울, 경주, 제주 등에서 이루어진다. 한편, 행사의 목적에 따라 행사장의 위치는 달라질 수밖에 없다. 기계연의 주요 연구 활동을 국제적으로 알리기 위해서는, 대전에서 행사를 개최하는 것이 더 효과적이었다.

그동안 기계연 연구원들이 구축해온 국제적 네트워크와 개인적으로 유지해온 네트워크를 잘 연결하기만 해도 첫 행사는 충분히 치러낼지 모른다고 생각했다. 하지만 국제 업무를 담당하는 직원뿐만 아니라 홍보실장도 기관장의 국제 행사 참여 준비에만 관심이 있었을 뿐, 새로운 국제 행사를 기획하여 진행하기에는 경험이 부족해서 일이 잘 진척되지 않았다.

신규 사업을 추진하기가 어려운 이유 중 하나는, 행정 조직의 중간 책임자에게 업무 목표가 명확히 전달되지 않거나, 해보지 않은 일에 도전해서 실패할 경우 이에 대한 책임을 중간 책임자나 실무자가 져야 하기 때문이다.

새로운 기관장에게 지금까지 해오던 일을 표지만 바꾸어 보고해도 임무를 완수한 것으로 평가받을 수 있다. 그런데 성패가 불확실한 새로운 업무를 시작하여 책임을 떠맡기가 쉽지 않을 것이었다. 따라서 새로운 업무 수행을 위해서는 업무를 담당하는 중간 관리자에게 명확한 목표와 비전이 전달되어야 했다.

좋은 지도자는 물고기 잡는 법을 알려준다고 한다. 하지만 방법을 구체적으로 알려주려고 하면 지도자가 너무 세세한 것까지 간섭한다고 싫어한다. 과감한 도전이 또 다른 도전으로 지속해서 이어지기 어려운 것은 사고방식의 차이 때문이다.

다행히도 연구원에는 소수이나마 뜻을 같이하는 연구원들이 있었다. 이들과 같이 연구원 문화를 새롭게 바꾸어보려는 시도는 의미가 있었다.

최근 컴퓨터와 통신의 발달로 인해 과학기술의 경쟁은 더욱 치열해지고 있다. 기계 산업의 강국인 독일도 제품의 경쟁력 강화를 위해 정보통신 기술의 발전을 산업에 적극적으로 적용해야 했고, 이를 인더스트리(Industrie) 4.0이라고 했다. 흔히 4차 산업혁명으로 부르기도 한다. 설계 유연화, 공장 자동화, 경량 재료 및 신소재 개발, 제품 수명을 고려한 기술 개발 등 결국 제품을 싸고 사용하기 편리하며 환경친화적으로 만드는 모든 노력을 포괄적으로 일컫는 용어다.

한편, 기후 환경의 변화 또한 곳곳에서 감지되고 있다. 계속해서 사용 가능한 에너지원을 관리하는 것은 인류가 직면한 문제다. 나로호 발사 성공에 이은 우주 경쟁 또한 더욱 가열되고 있다.

따라서 첫 번째 열리는 기계기술 포럼의 주제들은 자연스럽게 이 같은 분야로 정해졌다. 대전 ICC호텔에서 1회 미래기계기술포럼 코리아를 2014년 10월 24일에 열었다.

미래부 연구개발실장, 권선택 대전시장, 이상민 국회의원, 민병주 국회의원, 서상기 전임 원장 및 국회의원, 이상천 국가과학기술연구회 초대 이사장, 정준양 전 포스코 회장, 출연연 기관장, 손종현 대전 경영자 총연합회 회장 등 200여 명이 참석했다. 연사로는 오하이오주립대 타일란 알탄(Taylan Altan) 교수, 지멘스 코리아의 귄터 클롭쉬(Guenther Klopsch) 부사장, 버클리대학교의 루크 리(Luke P. Lee) 석좌교수, 미쓰비시히타치 전력시스템그룹의 겐지 안도(Kenji

| 2014년 10월 24일, 1회 2014 미래기계기술포럼 코리아의 주요 참석자들과 함께.
한국기계연구원 사진 제공

Ando) 수석부사장, 에임스연구소의 데이비드 코스마이어(David Korsmeyer) 엔지니어링 담당국장 등이 참석하여 발표하고 토론했다.

우리에게는 세종대왕 때부터 찬란한 과학기술의 역사가 있었던 만큼, 지금이라도 다시금 찬란했던 역사를 국제적으로 재현시킬 의무가 있다.

자기부상열차 사업의
핵심 과제

━━━ 2016년 2월 3일, 국내 과학기술 개발사에 한 획을 긋는 행사가 인천국제공항에서 열렸다. 바퀴 대신 자석의 힘을 이용해 공중에 떠서 달리는 도시형 자기부상열차가 세계에서 세 번째로 실용화된 것을 기념하는 행사였다.

자기부상열차는 소음과 진동이 적고 분진이 없어 환경친화적인데다 승차감 역시 우수해 미래형 열차로 꼽힌다. 고품격의 편의성을 제공할 뿐만 아니라, 지역 발전도 촉진할 것으로 기대된다. 개통된 자기부상열차는 인천국제공항 교통센터에서 출발해 국제업무단지를 지나 용유역에 이르는 6.1킬로미터 노선에서 도시철도의 역할을 하게 된다.

자기부상열차 사업은 우리나라 연구개발 사업 중 이례적으로 장기적인 투자와 지원 덕분에 결실을 맺었다. 자기부상열차 연구는 1989년에 시작됐다. 당시 국내 철도 시장에는 시속 330킬로미터로 운행하는 고속철도(KTX) 건설을 위한 논의가 한창이었고, 도시철도에 대한 관심은 적었다. 그러나 정부와 연구진은 미래형 도시철도인 자기부상열차의 경제적 가치를 내다보고 장기간에 걸쳐 투자와 노력을 지속했다.

그 과정에서 우여곡절도 많았다. 특히 관계 부처가 여러 차례 바뀌었다. 과학기술부(현 과학기술정보통신부)의 지원 아래 기초 연구로 시작해 산업자원부(현 산업통상자원부)를 거쳐 건설교통부(현 국토교통부)로 주무 부처가 이동했다. 차량 제작사도 현대정공과 대우중공업으로 시작해 코로스(KOROS)를 거쳐 지금은 현대로템에서 맡고 있다. 자기부상열차 사업에 투자한 비용은 총 5,000억 원에 이른다. 이 중 순수 연구개발에 투입된 비용은 약 1,500억 원이다. 그 덕분에 자기부상열차 생산에 필요한 모든 부품을 97% 이상 국산화하는 데 성공할 수 있었다.

자기부상열차와 같은 장기 사업의 경우 예산 투자 효율성이 떨어진다는 지적도 있다. 하지만 세계 철도 시장의 규모는 한국의 투자액에 비할 바가 아니다. 독일 통계 전문기관인 SCI 페어케어(Verkehr)는 세계 철도 시장이 2018년 230조 원에 이를 것으로 전망했다. 도시형 자기부상열차를 세계에서 세 번째로 상용화한 것은 수출 가능성을 고려할 때 투자 금액과 비교할 수 없는 가치를 가지고 있는 셈이다.

▌ 인천 공항에 설치된 도시형 자기부상열차.

　정부의 꾸준한 연구 개발 투자로 우리나라는 자기부상열차의 기
술력에서는 세계 최고 수준을 보유하게 됐다. 한 분야에 15년 이상
매진한 한형석 박사와 김동성 박사는 세계 최초로 자기부상열차 기
술을 집대성한 국제 학술 서적을 스프링어(Springer) 출판사를 통
해 발간했다. 이런 결실은 우리나라가 세계 자기부상열차 시장을 선
점하는 밑거름이 될 것이다.

　2005년 도시형 자기부상열차를 나고야에서 상용화한 일본의
아베 총리는 경제 부활의 승부수로 자기부상열차에 대한 투자 계
획을 발표했다. 도쿄와 나고야를 시속 500킬로미터로 잇는 자기부
상열차 노선을 2014년에 착공해서 2027년까지 개통하는 것을 목
표로 하는 계획이다. 91조 원을 투자해 5천만 명을 단일 생활권으

로 만들고, 50년간 107조 원의 경제 효과를 유발할 계획이라고 밝혔다.

나아가 미국 뉴욕과 워싱턴을 잇는 고속철도 건설에 무상으로 자기부상열차 기술을 제공하고, 총 투자액 10조 원 중 5조 원을 제공하겠다고 미국에 제안하기도 했다.

중국은 전 주룽지 총리의 결단으로 중국 상업 지역의 관문인 상하이 푸동공항에 세계 최초로 시속 340킬로미터의 자기부상열차를 독일에서 들여와 2004년에 상용화했고, 도시형 자기부상열차를 베이징에 적용한다는 계획을 이미 발표한 바 있다.

이렇듯 일본이나 중국이 자기부상열차의 연구 개발과 노선 건설에 선제적으로 투자하고 있는 이유를 들여다볼 필요가 있다. 철도 기술은 미래 교통 수단의 중심이 될 것이기 때문에 자기부상열차 시장을 선점하고 산업화시켜 자국의 성장 엔진으로 삼으려는 것이다. 또 다른 이유는 사회·경제·문화적으로 사회 간접자본 투자 효과는 시간이 지날수록 배가되기 때문이다.

1990년에 독일이 사회적 자본을 잘 활용해 통일을 이룬 사실을 간과해서는 안 된다. 눈앞의 이익에 휘둘리기보다는 통일을 내다보아야 한다. 미래 대중교통의 핵심 축인 철도 분야의 신성장 산업을 창출하는 데 필요한 핵심 기술이 자기부상열차임을 잊어서는 안 된다.

자기부상열차 상용화는 직접적으로는 시민에게 친환경적 교통 서비스를 제공할 것이고, 더 나아가 신산업을 창출하고, 국가나 도시의 브랜드 가치를 향상시키며, 상품이나 관광 등 부가가치 창출 및 경기 활성화로 경제적 부흥을 가져올 것이다. 이것이 바로 사회 간접자본 투자를 통한 경제 혁신이다.

환경문제와 직결되는
최신 교통수단, 자기부상열차

━━━━━ 자기부상열차 기술은 전선 주변에 생기는 자력으로 열차를 선로 위에 살짝 띄워 동력을 제공하는 기술이다. 바퀴와 궤도 사이에 접촉이 없어 진동과 소음이 적고, 유지 보수비도 상대적으로 적게 드는 점이 특징이다. 설치비 또한 경전철보다는 비싸지만 지하철보다는 30% 정도 적게 든다.

독일이 1971년에 처음 개발했고, 요코하마에서 열린 1989년 동경 엑스포에서 일본도 관련 기술을 선보인 적이 있다. 기계연의 김훈철 전 소장은 이를 차세대 핵심 교통 기술로 여겨 관련 기술 개발을 지시하면서 자체적으로 기술 개발을 시작했다.

대전에서 1993년에 개최된 과학기술엑스포 개최를 기념으로 과

| 2014년 5월 20일, 주한 외교사절단의 자기부상열차 시승. 한국기계연구원 사진 제공

학기술부는 자기부상열차 개발 프로젝트를 시작했다. 당시 현대정공이 설치한 엑스포 현장과 과학관 사이의 시범 노선은 선풍적인 인기를 끌었다. 현재는 엑스포 현장의 일부가 도시정비사업으로 인해 공공 상업 시설로 탈바꿈해서 노선 대부분이 철거되었고, 일부만이 국립중앙과학관 내에 남았다.

자기부상열차 개발 프로젝트는 그동안 과학기술부, 산업자원부, 국토교통부를 거쳐 진행됐다. 연구비 지원은 정부의 판단에 따라 부침이 심했고, 연구 진행 또한 많은 어려움이 따랐다. 국토교통부는 2006년 도시형 자기부상열차 실증사업단을 구성하고, 이를 독립적으로 운영해왔다. 사업단은 현대로템이 개발한 차량을 실용화하기 위해 인천 영종도 공항에 시범 노선을 설치하고 시험 운행을 진행했다.

개발된 철도의 상업화를 위해서는 성능 인증이 필수적이다. 국내에서 철도 개발 및 생산은 현대로템이 독점적으로 진행하고 있다. 정부는 기계연에 자기부상열차 인증을 위한 인증센터를 설치했다. 차량의 직접적인 개발 주체와 인증센터가 겹치지 않도록 한 것이다. 두 주체의 장은 기계연 소속으로, 사업단 단장은 신병천 박사, 인증센터 센터장은 한형석 박사였다.

신 단장은 추진력이 뛰어났고, 한 센터장은 신중한 연구원이었다. 창과 방패가 만난 셈이다. 원장 취임 후 얼마 되지 않아 신 단장이 원장실에 와서 "인증센터가 너무 까다로워 연구개발의 상용화가 느려진다"라고 고충을 전했다. 한 센터장의 주장은 달랐다. "인증 규정에 나와 있는 대로 시험 결과가 맞아야 하는데, 결과가 미흡해서 추가 보완 조치를 요구했고 재시험을 통해 성능을 확인해야만 인증할 수 있다"라고 주장한 것이다.

선행적 기술 개발 과정에서는 어쩔 수 없이 겪어야만 하는 검증 과정의 진통이었으나, 일부 언론에서는 선수와 심판이 짜고 치는 고스톱이라고 오해하기도 했다.

문제 해결을 위해 내부 컨설팅팀을 조직했다. 사업단, 인증센터, 컨설팅팀의 의견을 종합하여 결정을 내리는 시스템을 구축하자, 문제가 하나씩 풀리기 시작했다. "삼인행 필유아사(三人行 必有我師)"라고 하지 않나!

우여곡절 끝에 인증이 끝났다. 국토부의 담당자와 상의한 후, 인증식을 2014년 5월 14일에 하기로 정했다. 인증식에는 연구개발에 관여했던 많은 관계자, 현대로템의 한규환 부회장, 미국에서 거주하고 있는 자기부상열차 개발의 산증인인 김인근 박사가 참석했으며, 국내외 많은 언론과 방송사에서 관심을 보였다.

이날 현대로템은 자기부상열차를 다른 곳에 설치할 수 있는 합법적 근거를 마련한 셈이다. 1989년 시험 개발을 시작으로 독일, 일본에 이어 세계에서 세 번째로 25년 만에 독자적인 국내 고유 모델을 개발해낸 과학기술의 쾌거였다. 최신 교통수단의 발전은 환경문제와 직결된다. 미세먼지가 사회의 주요 쟁점이 된 요즈음에는 더욱 그렇다. 환경 친화성인가, 경제성인가를 놓고 볼 때, 의사결정은 크게 달라질 수 있다. 정치적인 결정보다는 합리적이고도 실용적인 의사결정이 요구되는 것이 중요한 이유다.

자기부상열차 사업의 성장과 부침

━━━━━ 2014년 11월 미국의 고든 애틀랜틱 투자 자문사
(Gordon Atlantic Development USA, Incorporation) 대표인 윌리
엄 하야트 고든(William Hyatt Gordon) 경제학 박사가 대전을 방문
했다. 대전 도시철도 2호선 도시형 자기부상열차 사업의 민자 유치
가능성을 타진하기 위해서였다.

"대전시가 대전 도시철도 2호선으로 도시형 자기부상열차를 채
택한 것은 큰 의미가 있습니다. 도시형 자기부상열차를 국내에서 직
접 만들었고, 처음으로 실용화할 수 있는 능력을 세계적으로 보여주
기 때문입니다. 자기부상열차 상용화가 대전에서 이루어진다면 과
학기술의 발전을 세계에 보여주는 계기가 되므로, 대전 시민도 자

부심을 가질 수 있습니다."

자기부상열차의 상용화를 직접 논의하기 위해 한국기계연구원을 방문한 고든 박사는 이같이 말했다. 그는 미국의 월스트리트에서 투자자를 유치하는 회사를 운영하면서, 자체적인 연구 인력을 갖추고 직접 투자 가치를 분석, 평가하고 있었다.

"2018년 러시아월드컵을 계기로 자기부상열차를 러시아에 수출하기 위해 세계 여러 도시형 교통수단을 미리 비교한 끝에, 경제성 측면에서 한국이 개발한 것을 선택했다"라며, "뉴욕 맨해튼의 타임스퀘어 빌딩 벽면에 2014년 7월부터 투자자 유치를 위해 광고를 하고 있다"라고 전했다.

일본이나 상하이 푸동공항에 설치된 독일의 것과 경제성 면에서 분석해보았을 때, 현대로템에서 생산한 도시형 자기부상열차가 무인 운행 방식을 채택하기 때문에 운영 경비 측면에서 탁월한 경쟁 우위를 점하고 있다고 설명했다.

세계에서 세 번째로 운영될 예정인 만큼 한국의 자기부상열차 상용화에도 세계적인 이목이 쏠리고 있는데, 이는 우주선을 쏘아 올리는 과정과 마찬가지로 세밀한 준비 과정이 필요한 작업이라며 "첫날부터 모든 운행이 차질없이 진행되기를 희망한다"라고 밝혔다.

향후 자기부상열차의 시장 전망에 대해서도 다음과 같이 말했다. "최근 중국을 방문했더니 수백여 개 위성도시가 발달하고 있는데, 건설 및 환경 규제가 적지 않아 어려움을 겪고 있었다. 중심 도시와 많은 위성도시를 연결하는 환경친화적 교통망으로 자기부상열차를 도입하는 것이 가능하므로, 향후 시장 확대 가능성은 무한하다고

2014년 7월 이후 고든 애틀랜틱 투자 자문사가 독자적으로 게시한 뉴욕 맨해튼 타임스퀘어에 있는 도시형 자기부상열차 광고. 한국기계연구원 사진 제공

본다."

또한 대전이 도시형 자기부상열차를 2호선에 설치한다면 신기술을 받아들이는 혁신 역량을 갖췄다는 점에서 대전이라는 도시가 갖춘 과학기술 연구 인프라에 대한 평가도 세계적으로 훨씬 높아질 것이다. 고든 대표는 이것이 지역경제 차원을 넘어 세계적인 차원에서 연구자에게 더 좋은 연구를 수행할 수 있는 계기가 되리라 확신하며, 아울러 자기부상열차의 상용화는 부수적으로 일자리 창출 효과도 얻을 수 있을 것이라고 말했다.

합리적인 경제성 분석과는 달리, 대전 2호선 도시철도 사업은 정치적인 이유로 2014년 12월에 갑자기 트램으로 바뀌었다. 사업의 성패를 떠나 시민들에게 더욱 친환경적이고 경제적인 교통수단이 되기를 바랄 뿐이다. 독일과 같은 선진국의 예에서 보듯이 과학기술의 발전은 정치와는 무관하게 이루어지는 것이 바람직하다.

발전에는 모험이 필요하다

인천공항에 설치된 도시형 자기부상열차 인증을 2014년 5월에 마치자, 사업단은 또 다른 고민에 빠졌다. 시범 노선을 개통하려면 인천시의 운행 허가가 있어야 했기 때문이다. 인증식과 개통식의 주체는 달랐다. 개통 후에는 자기부상열차의 운영을 인천공항공사로 이관하게 되어 있었는데, 인천공항공사의 소재지가 인천이어서 관할 운영 허가권자 역시 인천시였다.

인천공항의 도시형 자기부상열차는 무인 운행 시스템으로 개발되었는데, 이 첨단 시스템이 발목을 잡았다. 사고가 날 경우를 대비하여 비상 대피로를 설치해야 하는데, 처음 하는 일이라 설계 단계에서 이에 대한 대책을 미처 갖추지 못했다. 이 문제는 시스템이 안정되기까지 기관사를 임시로 활용하면 해결할 수 있었지만, 인천공항공사는 시스템의 완전성과 신뢰성을 보장하라며 한 치의 양보도 없었다. 추가로 설치해도 되지만 경비가 문제였다.

자기부상열차와 같은 시스템을 개발하면서 100% 신뢰성을 보장하기는 매우 어려운 일이다. 아무리 설계가 잘되어 있는 시스템이라도 이를 설치하는 과정에서 오차가 생길 수 있다. 모든 상품에 품질 보증 기간이 있는 것은 그래서다.

문제점을 보완해 운행 허가를 받는 수밖에 없었다. 사업의 종료 시점은 이미 지나서 관련 연구팀의 협조를 구하기가 어려운 상황이라, 신병천 사업단장의 안타까운 입장도 이해가 됐다. 신 단장과 박희창 본부장과 같이 인천시 교통과를 방문하여 상황을 설명하고, 신 단장에게 시스템 문제가 발견될 때마다 모든 것을 공개한 후에 해결책을 찾기를 당부했다.

우여곡절 끝에, 2012년부터 건설을 시작한 도시형 자기부상열차는 2016년 2월 3일 중국 상해와 일본 나고야에 이어 세계에서 세 번째로 개통됐다. 개통식에는 당시 국토교통부 차관, 인천시 경제부시장, 인천국제공항공사 사장, 한국철도연구원장 등 많은 분이 참석하여 축하해주었다. 2014년에 인증을 완료한 후 2년에 걸친 개통 과정은 아주 힘들었다.

그런데 개통의 기쁨이 채 가시기도 전에 전력 공급선에 화재 사고가 발생했다. 용량에 미달하는 전력 공급선을 시공한 것을 미처 확인하지 못한 것이다. 언론에서는 자기부상열차에 문제가 많은 것처럼 보도했다. 신 단장은 사면초가의 상황이었다.

이 사건으로 인해 국토부 장관에게 상황을 설명할 기회가 생겼다. 시스템 기술 개발의 문제점을 직접 설명했더니, 문제를 정확히 파악하고 해결 가능한 문제라면 보완하여 문제가 재발하지 않도록 만반의 준비를 하는 것이 좋겠다고 장관이 의견을 주었다.

또한 앞에서 언급한 2014년 미래기계기술포럼 코리아 개최 안내장에 인쇄되어 있던 광고 사진(72쪽 참조)을 직접 보여주면서, 미국 월스트리트의 고든 애틀랜틱 투자 자문사가 자기부상열차의 경제성을 자체적으로 분석해서 뉴욕 타임스퀘어 빌딩의 벽면에 광고를 걸어 투자자를 자발적으로 유치하고 있다고 설명했다. 이제는 인증도 끝나고 개통도 되었으니 정부가 나서서 활용에 앞장서주기를 다시금 부탁했다.

2015년 7월에 자기부상열차를 미국 플로리다 주 마이애미 데이드 카운티(Miami-Dade County)에 설치하는 것을 건의하기 위해 카를로스 히메네스(Carlos A. Giménez) 시장을 만나 브리핑한 과정을 자세히 설명하고 장관과의 면담을 마쳤다. 장관은 그 자리에서 비서관에게 수출 방안에 관해 검토해보라고 지시했다.

2015년에 콘라드 블랑켄지(Conrad Blankenzee)가 보낸 한 통의 이메일이 한형석 센터장을 통해 전달됐다. 블랑켄지는 올란도의 디즈니랜드에 있는 경전철 운영 책임자였다. 그가 보낸 이메일에는 "플로리다의 데이드 카운티에서 공공 교통 시스템의 개편을 요구하는 시민들의 목소리가 크다. 매년 여름 물난리도 나기 때문에 히메네스 시장에게 자기부상열차 시스템을 소개하면 좋은 기회가 될 것"이란 내용이 실려 있었다.

답장을 보내 다행히도 면담이 성사되었다. 2015년 7월 30일, 마이애미 데이드 고속도로교통국의 자비어 로드리게스(Javier Rodriguez) 사무총장에게 브리핑을 한 후, 시장실에서 시장에게 다시금 브리핑했다.

히메네스 시장은 자기부상열차의 우수성은 인정하겠지만, 자신들이 모르모트 신세가 되는 것은 아니냐며 그 혜택은 무엇인지 물었다. 그래서 프로젝트의 재정 문제에 대해서는 현대로템과 상의한 후 알려주겠다고 답했다.

귀국 후, 김승탁 현대로템 사장을 만나 히메네스 시장과의 면담에 관해 설명하고 미국 시장이나 해외 시장 개척에 대한 의향을 타진했다. 김 사장은 해외 시장 진출은 경제성이 최우선이기 때문에 검토하는 데 시간이 필요하다며 완곡하게 반대 의사를 표했다.

기술적인 것 외에도 검토할 사항이 많다는 것은 충분히 이해가 됐다. 2018년 러시아월드컵을 대비하기 위해 적극적으로 설치를 검토한 상트페테르부르크 시의 경우에도 결국엔 재원 조달이 큰 문제였다. 급속도로 나빠진 미국과 러시아의 정치적 상황 또한 더욱 불리하게 작용했다.

그래서 홍콩 고든 애틀랜틱 투자 자문사 지사를 통해 윌리엄 하야트 고든 사장에게 연락을 취했다. 고든 사장은 인도네시아 자카르타 공항의 경전철 프로젝트를 검토하기 위해 자카르타 공항에 도착했는데, 과로로 인해 객지에서 심장마비로 사망했다는 것을 알게 되었다. 경제학 박사이자 투자 전문가였던 고든 사장은 도시형 자기부상열차의 전도사 역할을 해주었기에 무척이나 아쉽고 안타까웠다. 2014년 11월 대전을 방문해 권선택 시장에게 "한국에서 개발된 자기부상열차의 경제성을 역설하며 대전 2호선 투자비를 직접 조달하겠다"라며 이야기하던 기억이 아련했다.

히메네스 시장의 질문은 당연한 내용이었지만, 답하기 어려운 질문이었다. 더욱이 블랑켄지 자문역은 대전 2호선에 자기부상열차를 설치하기로 했다가 트램으로 바뀐 사실도 잘 알고 있었다. 얘기를 직접 꺼내지는 않았지만, 구체적인 이유에 대해 넌지시 물어보기도 했다.

기술 개발이 실용화로 이어지려면 많은 고비를 넘어야 한다는 것을 경험했다. 아무리 좋은 기술이 개발돼도, 결국엔 모험을 무릅쓰

▌ 스위스 취리히 역 앞에서 운행 중인 트램.

고 경제적 책임을 감당할 수 있는 도전자가 필요한 것이다. 우리가 지금껏 터득해온 삶의 역사를 보면 기술을 완벽하게 개발하고자 노력하지만, 1983년에 시작된 국산 전자교환기 사업과 같이 당장은 완벽하지 않더라도 쓰면서 꾸준히 보완하는 방법도 있다.

도시형 자기부상열차는 지금도 인천공항에서 별다른 사고 없이 잘 달리고 있다. 순환선으로 2단계 확장 공사가 순조롭게 진행되길 기대하면서, 기술 개발과 상용화에 뛰어드는 용감한 벤처 사업가들에게 격려의 박수를 보낸다.

4장

대학에도 적용 가능한 조직 경영의 핵심 과제

구성원과의 정보 공유가 주는
동기 부여 효과

━━━ 2014년 말, 기계연 기술사업화팀장이 면담을 신청
했다. 연구소 기업인 JPE 주식 매각 건에 관해서였다. 연구원에서 개
발한 기술을 이전하며 JPE의 주식을 보유하고 있는데, 주식의 가치
가 꽤 높아졌으니 이를 양도하는 것이 어떻겠냐는 의견이었다.

일단 팀장에게 추가 검토를 지시한 후, 담당 실장과 협의했다. 기술
이전으로 수익이 창출되면 해당 연구원들에게는 혜택이 돌아간다.
그러므로 주식 양도는 연구원과 기관에 도움이 되는 일이었다.

연구원에 주요 이슈가 있을 때마다 확대 간부 회의를 통해 구성
원들에게 투명하게 알리고자 노력했다. 일방적인 소통으로는 투명
한 경영을 하기가 어렵기 때문이다. 모든 구성원이 관심을 가지지

않는 사항이라도 직접 알리면 구성원들에게 학습 효과를 주어 동기 부여가 될 수 있다.

주식 양도 건은 예상대로 별다른 반대 없이 간부 회의에서 의견의 일치를 보았다. 주식 양도 계약은 2014년 말에 이뤄졌다. 이를 통해 당시까지 26억여 원의 수입을 창출하고, 출연연 기술 이전의 성공적인 사례가 되었다. 2015년 3월, 당시 미래부 장관이 연구소 기업 100호 탄생을 기념하기 위해 연구원을 방문했다. 장관은 출연연이 기술 개발에서 끝낼 것이 아니라 개발된 기술을 상용화시키는 데 앞장서주길 당부했다. JPE 주식 양도와 같은 모범 사례가 확대되길 기대한 것이다.

JPE 주식 양도를 계기로 연구소에서 개발된 기술의 상용화를 위해 연구소 기업 설립 또는 연구원 창업에 도움이 되도록 관련 규정을 정비했다. 제도 정비의 영향으로 6개의 연구소 기업이 설립되고, 변성현 박사가 ㈜스페클립스(Speclipse)를 2015년 11월에 창업했다. 이 경우에는 연구원 창업이 연구소에 수익적인 면에서 직접적인 도움이 되지는 않았지만, 관련 부서에 영향이 미치지 않도록 세심한 지원을 아끼지 않았다. 스페클립스가 대박을 터트려 연구원들의 본보기가 되기를 지금도 기도하고 있다.

스페클립스는 소프트뱅크 한국 지사의 투자뿐만 아니라 창업경진대회에서 우수 사례로 뽑히는 등, 지금까지 진행이 순조로운 듯 보여 뿌듯하다. 스페클립스가 미국 내 10대 피부과 기술 기업에 선정되었다는 2019년 1월 《벤처 스퀘어》의 보도는 연구원 창업에 대한 지원이 헛되지 않았음을 재확인해주었다.

기술의 상용화 또는 이전은 매우 바람직하지만, 이전받는 쪽과 이전해주는 쪽의 이견을 조율하기가 쉽지 않기 때문에 성공 사례를 만들어내기가 쉽지 않았다. 기관 차원의 지원을 확대하기 위해 담당실의 건의로 기술사업화실을 기술사업화본부로 확대, 개편했다. 본부장과 실장에는 기존 실장과 팀장을 승진시켰다. 인원은 많지 않았지만 기술사업화본부의 분위기는 새로워졌고, 실적이 이를 뒷받침했다.

기술 이전 및 연구원 창업의 성공 사례는 담당 실장의 건의 없이는 불가능한 일이었다. 더욱이 적은 인력과 함께 이루어낸 성과여서 더욱 값지다. 조직 확대, 개편과 더불어 관련 제도의 재정비 또한 필요했다. 기술 사업화 과정에서 지원 인력의 도움으로 성과가 드러난 경우에는 해당 직원들에게도 혜택이 돌아갈 수 있도록 제도를 현실화했다. 구성원의 동기 부여를 위해서는 적절한 인센티브 시스템이 보장되어야 하기 때문이다.

한편, 기술사업화본부의 전문성을 강화하기 위해 전문 변리사를 고용했다. 신임 변리사는 전문 변리사 사무실에서 일한 경험 때문인지 실무에 무척 밝았다. 2016년에는 기술사업화본부의 실적은 견고해져서 기술료 60억 원을 달성했다. 담당 본부의 염원이었던 기술료 70억 원 돌파라는 목표는 2018년에 달성되었다고 한다.

IP 기반 연구비 운영 시스템의 도입은 기관 발전에 많은 도움이 되었다. 총 기술료 수입 195억 원, 특허 1,097건 등록, 연구비 대비 연구 생산성 9%로 독일의 프라운호퍼 수준을 달성한 것이다. 경상 기술료 또한 기존에 비해 4배 이상이었다. 이를 바탕으로 기계연은

2016년 발명의 날에 대통령 표창을 받았다.

이 모든 실적은 담당 실장의 적극적이고 자발적인 노력으로 이루어낸 큰 업적이다. 열심히 노력하면 된다는 소신으로 맡은 바 직무에 열중하면서 힘을 발휘한 것이었다. 아울러 기술사업화본부의 실적과 수탁 연구비의 수주를 바탕으로 기관의 어려운 재정 상황을 극복하고 부채 제로를 달성할 수 있었다. 목표와 꿈을 가지고 실행에 옮긴 자그만 변화가 큰 효과를 일으킬 수 있다는 것을 기억해야 한다.

연구 환경의 변화를 위한
기관장의 역할

━━━ 2014년 3월 초, 조직 개편을 위한 간담회에서 발표한 바와 같이 기관장의 주요 역할은 정부나 회사에서 연구비를 확보하고 구성원들에게 동기를 부여하는 것이다. 출연연의 경우 연구비의 일정 부분을 정부에서 출연금으로 지원받지만, 인건비를 충당하기 위해서는 수탁 연구를 수행하여 부족한 부분을 채워 넣는 구조다. 이를 '성과주의 예산 제도(Project Base System, PBS)'라고 부른다.

수탁 연구를 수행하기 어려운 기초 과학 분야는 상대적으로 출연금의 비율이 높지만, 연구 분야가 제한될 수도 있다. 대신 산업계와 연관이 많은 출연연이라면 수탁 연구를 수행할 수 있으므로 출연금의 비율이 상대적으로 낮다. 다양한 과제를 수행하고 실용적인 연구를 성공적으로 수행할 경우, 기술 이전을 통한 기술료가 발생하므로 기관과 연구원에게 도움이 된다.

주로 중소기업에 기술 이전을 하던 기술 개발의 체계를 살펴보다가 기관 사업비의 배분에 대해 의문이 생겼다. 연구실의 규모에 따라 연구비가 배분되므로 연구의 질보다는 덩치 게임이 될 우려가 크고, 창의적이거나 도전적인 과제를 수행하기는 매우 어려웠던 것이다. 신생 팀일수록 연구 결과가 빠르게 나오지 않고 평가 결과도 나빠질 수밖에 없었다. 국가에서는 출연연이 기업 연구소에서 하기에는 위험 부담이 높은 과제를 수행하길 바라지만, 국내 출연연이 수행하는 과제의 성공률이 95% 이상인 것은 그런 과제는 피하기 때문이다.

이 상황을 해결하기 위해 내부 구성원의 의견과 외부 자문 위원의 도움을 받아, 기관 중점 과제를 9년까지 차등 지원할 수 있는 연구비 관리 시스템을 구축했다.

과제는 고효율 발전용 가스 터빈 기술 개발, 고신뢰성 자기부상열차 기술 개발, 인간 친화형 의료·제조 로봇 기술 개발이 선정되었다. 가스 터빈 기술은 발전소, 항공기, 로켓, 자동차 등에 사용되는 기계 분야의 꽃이다. 미국, 독일, 일본이 세계 시장을 점유하고 있는 분야로, 일본의 미쓰비시히타치도 미국 웨스팅하우스에서 1960년에 기술을 전수받아 30여 년에 걸쳐 개발한 기술이다. 자기부상열차는 현대로템에서 개발하여 인천공항에서 시험 운전 중이었으나 인증과 개통 과정이 남아 있었고, 상용화를 위해서는 기술 개발을 안정시

켜야 했다. 의료·제조 로봇 기술은 빠르게 고령화되어가는 우리 사회에서 삶의 질을 개선하고, 제조업에서 생산 인력 감소 문제를 해결해줄 수 있는 미래 지향적인 기술 개발 과제다. 대구첨단연구센터의 주된 연구 분야는 의료용 기계 개발 연구였고 부산의 레이저연구센터와 자동차연구센터의 발전을 위해서도 의료·제조 로봇 기술 지원이 필요했다.

아울러 크지는 않지만, 신규 연구 인력들이 자유롭게 연구 주제를 선정해 과제를 수행할 수 있도록 시드형 창의 과제를 만들었다. 기계연이 담당해야 할 연구 분야가 워낙 광범위하다 보니 인력이 부족한 것은 당연했지만, 단기적인 성과에만 매달리는 연구 환경을 바꾸기 위해 충분하지는 않으나 자체적으로 시도해본 것이다.

우연히도 2015년에는 이순신 장군을 그린 영화 〈명량〉을 제작한 김한민 감독이 로봇 기술과 영화를 접목하면 좋을 것 같다고 기계연에 연락해서 명예연구원으로 위촉하기도 했다.

연구 운영 체계를 개선하면서 연구원들에게 생각의 변화가 조금씩 일어났으며, 본원과 대구 및 부산센터 간에 일방통행식으로 이루어지던 연구 교류가 점차 쌍방향으로 진행되기 시작했다. 아울러 대구센터의 획기적인 연구 업적으로 이어지기도 했다. 생각지도 못한 덤을 얻은 듯해 지금도 어려운 환경에서도 믿고 따라준 연구원들에게 감사할 뿐이다.

기관 내부의 투명성 개선 방법

━━━━ 연구원 업무를 시작한 후 첫 번째 확대 간부 회의에 참석했다. 참석자만 30여 명이라 5분씩만 발표해도 두 시간이 넘게 걸렸다. 시간적인 제약을 극복하기 위해 기획팀이 회의 전 주말에 자료를 미리 모아서 회의 당일에 이를 복사해 주요 보직자가 발표했다. 따라서 회의에서는 필요한 사안에 대해 토의가 이루어지기보다는 담당 부서가 일방적으로 보고하는 형태였다. 그동안 수차례 회의 방식을 개선할 필요가 있다고 느끼던 차였다.

회의와 소통 방식을 개선하기 위해 월요일 확대 간부 회의 이전에 본부장과 대외협력실장이 참석해 차 마시는 시간을 갖기로 했다. 전 주에 있었던 주요 안건을 주요 간부들이 자유롭게 발표하고 서로 의견을 나누게 한 것이다. 이 자리에서 확대 간부 회의 방식을 읽고 끝내는 보고식에서 토의식으로 바꿀 것을 제안했다. 기획팀은 회의 전 주에 확대 간부 회의 참석자들에게 회의 자료를 이메일로 공유하고, 필요한 부서가 주요 토의 안건을 제안해 아이디어나 해결책을 모으는 형태로 추진하기로 했다.

주요 보직자들뿐 아니라 일반 구성원들과도 차 마시는 시간을 가졌다. 자발적인 참여를 바랐지만, 생각보다 효율적이지 못했다. 구성원들의 의견을 듣기 위해 연구실을 직접 방문하고 행정팀원들과 팀 단위로 면담을 확대해나갔다.

새롭게 시도된 토론식 확대 간부 회의는 처음에는 어색했다. 회의 방식을 바꾼 후 두어 달이 흐르자, 문제를 공유하고 머리를 맞대고 고민해서 해결 방안을 찾는 개방식 토의 문화에 익숙해지기 시작했다. 5월에 작업을 시작한 예산안도 모든 구성원에게 공개했다. 담당 부서의 문제를 파악하면서 시의적절하게 문제를 제기하고 해결하기 위해 관련 부서들의 적극적인 참여를 기반으로 의견을 공유하는 사례가 늘어났다.

소문이나 신문 보도를 통해 들어야 했던 기관에 관한 소식 또한 내부 구성원들이 담당 실장을 통해 직접 듣는 기회가 늘었다. 덕분에 구성원 사이에 오해가 줄어들고 대화가 늘어나면서 감정의 골이 조금이나마 해소되는 효과가 나타나기 시작했다.

매달 한 번씩 열리던 월례회에서는 회의 시작 전에 구성원들의 생일 축하를 함께 하기로 했다. 월례회 주제로는 '감사합니다' 또는 '와인 선별법' 등과 같은 주제를 다룬 특강으로, 공동체 상호 이해와 배려를 더하기도 했다.

개방적인 문화가 조금씩 정착되면서 연구원 내 동호인 모임이 활발해지기 시작했다. 처음에는 개방적 토론 방식의 효율성에 의심을 품었던 참석자들도 생각이 바뀌어 의견을 많이 내놓으면서, 기관 내부의 투명성이 점차 개선되고 '나 혼자 해결해야 한다'는 고정관념에서 벗어나기 시작했다. 새로운 제도의 효과를 직접적으로 느끼면서 변화를 받아들이게 된 것이다.

연구와 행정을 분리해
업무 효율을 높인다

━━━ 2014년 3월 초에 일어난 기계연 화재 사건으로 연구와 행정 부서 또는 연구소와 경찰서가 서로 다른 입장에서 문제를 바라보고 있다는 점을 깨닫게 되었다. 그러므로 연구와 행정 부서 사이에 소통을 강화해, 사전 조율을 이룰 수 있는 시스템으로 전환할 필요가 있었다. 이를 위해 기관의 2인자 임무를 수행하는 선임연구본부장 대신 연구부원장과 경영부원장 제도를 도입했다. 연구부원장의 권한이 위축된 듯 보일 수도 있지만, 상대적으로 행정 업무의 중압감에서 해방되는 면도 있었다.

새로운 제도를 도입하려면 구성원들의 동의를 얻어야 한다. 논의가 시작되자 내부에서는 우려의 목소리가 나왔다. 외부에서 온 기관장이 임명된 지 얼마 되지도 않았는데 행정 조직을 너무 성급하게 바꾸려 한다는 것이 주된 이유였다.

양부원장제가 도입되면 결재를 한 번 더 받아야 하니 의사결정에 시간이 더 걸릴 수 있다는 행정 실장들의 의견도 있었다. 비서도 한 명 더 늘어야 하니, 행정적인 비용이 더 든다는 점도 제기되었다. 새로운 제도의 장단점을 정확하게 진단하기에 앞서서, 부정적인 의견이 먼저 표출된 것이다.

필자가 직접 나서서 기관 운영 철학을 밝히는 간담회를 추진했다. 기획팀에서는 금요일에는 구성원들의 참여가 저조할지 모르니, 주초에 개최하는 것이 바람직하다는 의견을 주었다. 하루 이틀 연기한다고 해서 구성원의 의견이 달라지는 것은 아니므로, 나노융합기계연구동에 있는 3층 회의실에서 간담회를 진행하기로 했다(간담회는 대개 본관 1층 대강당에서 진행하는 것이 관례였다). 행정 조직에 대한 구성원과의 의견 교환은 빠를수록 좋다고 생각했기 때문이다.

막상 회의가 시작되자, 불안해했던 기획예산실장의 표정이 편안해졌다. 기획팀이 염려했던 만큼 구성원들의 참여율이 저조한 것은 아니어서 예상보다 많은 구성원이 모였던 것이다.

행사 진행은 타운 홀(Town Hall) 방식으로, 필자가 직접 나서서 회의를 주재했다. 효율적으로 기관을 운영하기 위해 행정 조직을 개편하는 데 있어서 어떤 철학을 갖고 있는지 설명했다. 설명이 진행될수록 오히려 질문이 늘어났다. 일부 참석자들 사이에서 새로운 제도를 받아들여보자는 의견으로 바뀌는 것이 느껴졌다. 기관장이 새롭게 부임했으니 기회를 줘보자는 심리가 작용하지 않았을까 싶다.

▌전 직원 회의 시 구성원들이 밝게 토의에 응하고 있는 모습. 한국기계연구원 사진 제공

지금도 기억나는 질문 중의 하나가 "기관 발전을 위해 기관 사업
비를 어떻게 배분하겠는가?" 하는 것이었다. 지속적인 발전을 위해
서는 잘해오던 분야는 더욱 잘하게 하고, 미래에 필요한 분야를 발
굴해 지원해야 한다고 답했다. 그러므로 지금까지 연구원이 잘해오
고 있던 연구 분야에는 70% 정도를 지원하고, 새로운 연구 분야를
개척하는 데는 30%의 연구비를 투자하는 것이 좋을 듯하다고 설명
했다.

연구원들은 2014년 연구비 예산 배분이 이미 끝났는데, 조직이
바뀌면 예산 배분도 바뀔지 모른다는 점을 걱정했다. 신규 투자에
필요한 돈을 충당하기 위해서는 수탁 연구비를 기술 교류회를 통해
추가로 확보해야 했다. 연구원들은 대부분 연구팀에 배분되는 연구
비를 걱정했고, 행정 직원들은 무슨 업무를 하게 될지 걱정했다.

간담회 결과는 긍정적이었고, 간담회 직후 조직 개편을 단행했다. 연구와 행정 간의 긴밀한 소통을 위해 시작된 양부원장제도는 출연연의 주목을 받으며 한국전기연구원에서 도입하기도 했다.

구성원은 대개 자기가 하는 일에만 관심을 쏟는다. 전체를 위한 일이어도 정작 자신의 밥그릇이 줄어들면 불평불만이 늘어난다. 그러나 일이 문제없이 굴러가는 것보다는 좀 더 효율적으로 일을 진행할 수 있는 운영 시스템이 무엇인지 구성원 모두 고민해봐야 한다. 이에 대한 해답은 구성원들에게 있으므로, 구성원들 간의 소통이 잘 이루어질 수 있도록 운영 시스템을 잘 구축해야 한다.

총액인건비제도와 임금피크제의 활용

계약직의 정규직 전환은 문재인 정부의 주요 현안이다. 양질의 일자리 창출은 경제의 성장곡선이 둔화되는 시기에는 더욱 중요하다. 청년 실업이 주요한 사회적 이슈로 대두된 현 시점에, 몇 가지 경험을 공유함으로써 문제의 해결책을 찾아보려 한다.

2014년 2월 말 한국기계연구원의 비정규직 비율은 40% 정도였는데, 정부에서는 기관 경영의 효율성 제고를 위해 30%대로 낮추기를 권고했다. 그러려면 신규 채용을 늘리고 비정규직을 줄이는 수밖에 없다. 신규 채용을 늘리는 것은 정부가 투자를 확대해야 가능하므로 쉽지 않은 과제였다. 일반적으로 기관의 연륜이 쌓이면 규모는 커지고 일감이 늘어나므로 일손을 줄이기는 매우 어려운 일이었다.

다행히도 기획재정부는 총액인건비제도를 인정해주었다. 이 제도는 이사회의 허가를 얻어 총액 인건비 예산의 범위 내에서 정원을 초과하여 인력을 추가 채용할 수 있는 제도다. 비정규직을 무기계약직 직원으로 전환시킬 경우 경상 운영비를 인건비로 활용할 수 있도록 허용했다. 이를 적극적으로 활용하기 위해 경상 운영비를 절감하고 연구 관리 체계를 정비하여 간접 경비 수입을 늘렸다.

구성원들은 예산의 건전성을 감안하여 총액인건비제도를 활용한 인력 충원에 소극적일 수밖에 없지만, 필자는 2014년부터 3년간 총 26명을 충원했다. 6명의 무기계약직과 6명의 연구직을 정규직으로 전환하는 것도 포함되어 있었다.

더불어 임금피크제로 9명의 일자리도 추가로 확보할 수 있었다. 제도의 효용성에 대해 많은 논란이 있었지만, 3년간 대체 인력 1명을 포함한 신규 인력을 18명이나 채용한 것을 볼 때 실제로 양질의 일자리 창출에 기여했다고 판단된다. 그 결과, 계약직 비율을 당초 목표보다 4.1% 절감된 28.3% 수준으로 줄였으며, 정규직 인원 또한 3년 사이에 355명에서 408명으로 늘릴 수 있었다. 그동안 임금피크제 도입과 경비 절감에 적극적으로 협조해준 구성원과 관계 기관에 감사를 표한다.

2017년 장관인사청문회에서는 무기계약직이 정규직이냐는 질의에 정규직으로 생각하고 있다고 후보자가 답한 것을 본 적이 있다. 그러나 현실은 다르다. 무기계약직의 처우는 기타 공공기관에 속한 출연연에서조차도 기관마다 다르다. 채용 과정이나 담당하고 있는 업무량은 정규직과 별반 다르지 않은데도 말이다.

▌ 2015년 9월 11일, 무기계약직 전환 임용자 간담회. 한국기계연구원 사진 제공

   필자는 2017년 초 간부 회의에서 공개 토론회를 거쳐 무기계약직을 예산팀장으로 발탁했다. 아울러 2016년에 이룬 경영 성과를 바탕으로 용역업체 및 계약직을 포함한 전 구성원에게 적으나마 인센티브를 지급했다. 힘든 협의 과정을 통해 비정규직과 정규직 간의 격차 해소 방안을 구성원과의 합의하에 찾으려 했다.

   그러나 현실은 그렇게 녹록하지만은 않았다. 동일 노동, 동일 임금에 따른 무기계약직의 처우 개선안이 기관장이 교체되며 표류하고 있다고 했다. 더욱이 여러 그룹의 이해관계가 첨예하게 맞서는 상황에서 비정규직의 정규직화를 일시에 해결하기란 좀처럼 쉽지 않다.

   계약직을 한꺼번에 정규직으로 전환하기보다는 총액인건비제도 및 임금피크제 등을 활용해 정규직 전환이나 추가 채용 활동에 적극적으로 노력을 기울여야 한다는 점을 지적하고 싶다. 또 하나는 공공

기관에서 신규 채용 제도를 계약직으로 전환하는 것도 검토해볼 때가 되었다고 본다. 이미 선진 외국에서는 계약제로 일하는 것이 보편화되어 있고, 일본도 평생직장의 개념이 약화되고 있다고 한다.

물론 국민의 인식 전환을 이루기 위해서는 정부와 국회가 문제를 살펴보고 관련된 법과 제도를 정비할 필요가 있다. 더불어 사는 세상을 만들기 위해 마음을 모은다면 큰 예산을 투자하지 않고도 지속 가능한 일자리 창출이 가능하다. 급격히 변화하는 국제 경제, 사회 질서에서 살아남기 위해서는 시스템을 개선하고 생각을 전환하여 국민들이 행복한 삶을 영위해가도록 해야 할 것이다.

5장

지속적인 과학기술 발전 전략

정밀 제조업 경쟁력 강화를 위한
국가적 전략의 필요성

▬▬▬▬ 2014년 10월 24일에 개최된 1회 미래기계기술포럼 코리아에 참석한 지멘스 코리아의 귄터 클롭쉬 총괄 대표는 4차 산업혁명에 관해 발표했다. 제조업의 경쟁력을 강화하지 않을 수 없는 이유를 클롭쉬 대표의 발표에서 쉽게 알 수 있다.

제조업의 GDP 기여도를 비교한 그의 자료에 의하면, 1980년부터 2010년까지 미국이 부동의 1위를 지키고 있다. 2010년에는 중국이 일본과 독일을 제치고 2위로 올라섰다. 한국은 1980년에는 15위권 밖이었으나, 1990년 11위, 2000년 8위, 2010년 7위에 자리했다. 2010년 제조업이 GDP에서 차지하는 비중은 한국이 28%로 세계 2위에 이르고, 중국은 33%로 1위, 인도네시아가 25%로 3위, 일본은 20%로

4위, 독일과 미국은 각각 19%와 12%였다. 제조업의 연평균 성장률은 선진국의 경우 2.7%에 지나지 않으나 중국의 경우 7.4%에 이르고 있다.

  미국, 독일, 일본과 같은 선진국도 제조업의 경쟁력 강화를 위해 범국가적으로 제조업 혁신 정책을 개발하고 이를 실행에 옮기고 있다. 미국의 버락 오바마 대통령은 2012년 오하이오 주 영스타운에 국립첨단제조혁신연구소(National Additive Manufacturing Innovation Institute, NAMII)를 세우고 NAMII를 45개까지 늘리겠다는 구상을 발표했다. NAMII에서는 디지털 제조, 설계 혁신, 새로운 금속 제조, 차세대 전력 전자 장비 제조 등을 추진한다. 미국 오바마 정부는 2013년부터 해마다 10억 달러(약 1조 550억 원)를 투입하는 제조업 혁신을 위한 국가 네트워크 프로그램을 추진하며 디지털 제조에 전력하겠다고 밝힌 바 있었다. 독일 정부는 인더스트리 4.0으로 불리는 정책으로 지멘스의 암베르크(Amberg) 시범 플랜트를 통해 에너지 절약을 통한 생산성 향상, 제품 출하 시기 단축, 제조 공정의 유연성 강화를 목표로 다품종, 소량 유연 생산 시스템 개발에 힘을 쏟고 있다. 유연 생산 플랫폼이 가능하려면 수많은 데이터들을 신속히 처리할 수 있는 기술이 필요하다. 이를 IOT(Internet of Things)라고 부르기도 한다.

  버클리대학교에서 바이오 및 나노 기술에 관해 연구하는 루크 리 교수는 19세기 영국 시인인 윌리엄 블레이크(William Blake)의 「순수의 전조(Auguries of Innocence)」라는 시를 인용하면서, 기초 과학과 제조업 사이에 균형을 이루는 것이 중요하다고 강조했다. 리

교수가 인용한 시의 일부분은 다음과 같다. "한 알의 모래에서 세상을 보고, 한 송이 들꽃에서 천국을 보라. 그대 손바닥 안에 무한을 쥐고, 한순간 속에 영원을 담아라."

리 교수는 청색 발광 다이오드를 발명해 2014년 노벨 물리학상을 받은 전자공학자 나카무라 슈지(Nakamura Shuji)를 인용하면서, 새로운 과학기술의 발전을 위해서는 물리, 화학, 광학, 정보 통신 기술, 나노 기술, 생명공학 기술 등이 함께 발전해야 하며 정밀 제조업이 발전해야 이를 이룰 수 있다고 강조했다.

가스 터빈 산업에 관해 발표한 미쓰비시히타치의 겐지 안도 수석 부사장은 2013년 일본의 에너지원을 원자력 1%, 석탄 30.2%, 천연가스 43.2%, 석유 14.9%, 수력 8.5%, 신재생에너지 1.2%로 발표했다. 1MBtu(Million British Thermal Unit, 251,830kcal, 영국식 열량의 기본 단위(Btu)의 100만 배)당 18달러인 일본의 천연가스 단가가 미국에 비해 6.2배 수준이므로, 에너지 비용을 줄이기 위해서는 가스 터빈의 효율을 향상시키고 미세먼지 배출을 줄이는 기술을 개발하고 있다고 밝혔다.

일본은 1960년에 미국 웨스팅하우스에서 가스 터빈 기술을 도입해 자체적으로 가스 터빈을 발전시켜왔다. 현재는 효율을 높이기 위해 연소기 온도를 1,600도에서 1,700도로 높이고, 고온 재료 및 고냉각 성능을 가진 코팅 기술을 개발하는 데 매진하고 있다. 기술 개발을 위해 제조 및 검사 시스템을 완비했으며, 제품의 효율과 신뢰성을 보장하기 위해 시운전을 3개월, 6개월, 1년까지 수행하고 있다고 전했다.

한국기계연구원도 가스 터빈 기술의 중요성을 파악하고 기관 중점 과제로 연구 개발에 매진하고 있다. 가스 터빈은 발전소뿐만 아니라 항공기 엔진 등에도 사용되는 핵심 기술이다. 연소기와 같은 일부 부품은 국산화되었지만, 선진국과 같은 대형 가스 터빈을 개발하려면 인증하기 위한 설비를 갖추어야 한다. 인증 설비 구축에는 수조 원 이상 들기 때문에 국가적인 장기 투자가 이루어져야 한다. 일본 정부처럼 지속적인 지원이 이루어지지 않을 경우 기술 개발은 제한적일 수밖에 없다.

최근 일본이 반도체 공정에 사용되는 폴리이미드(Polyimid), 불화수소와 포토레지스트(Photo Resist) 같은 소재의 수출 규제를 강화하고 있는 시점에서, 기초 과학뿐만 아니라 정밀 제조업의 경쟁력 강화를 위한 국가적 전략이 절대적으로 필요하다. 우리 산업의 경쟁력을 끌어올릴 수 있는 분야를 명확히 선정하고, 관련 분야에 장기적인 투자를 해야 세계 시장에서 살아남을 수 있다.

연구자와 정책 당국의
연결고리가 중요하다

━━━ 1999년 2월, "과학기술부가 국책 연구를 기획하고 연구비를 집행하는 데 선수와 심판을 겸하는 것이 바람직하지 않다"라는 국회의 지적에 따라 정부는 한국과학기술평가원을 설립하고 국책 연구비를 관리, 감독하는 전문위원제도를 도입했다. 당시에는 기획전문위원을 비롯한 8개 전문위원이 관련 분야의 특정 연구 개발 사업과 같은 국책 과제를 관리하고 필요한 과제를 발굴·기획했다.

1999년, 과학기술부는 안정적인 연구 개발 환경을 조성하기 위해 국가 지정 연구실 과제를 발굴해서 연구자들에게 1억 원의 연구비를 5년간 지원해주었다. 개인적으로도 연구비를 확보하기 위해 국가 지정 연구실 과제 제안서를 제출해놓은 상태였다. 기계전문위원 임명장을 2000년 3월 초에 받으면서 "과제 선정을 위한 1차 심사는 무난히 통과했으나, 전문 위원과 과제를 동시에 할 수는 없으니 선택해야 한다"고 들었다. 그래서 과제를 포기했다.

기계전문위원으로서 제일 먼저 해결해야 할 문제는 공교롭게도 한국기계연구원의 가스 터빈 연구 개발이라는 국책 과제를 관리하는 것이었다. 당시 참여 업체와의 견해 차이로 과제의 진행이 무산될 위기에 놓여 있어, 참여 업체를 설득하기 위해 오랜 시간 동안 통화했던 기억이 난다. 다행히 문제가 원만하게 해결되어 과제를 진행할 수 있었다.

기억에 남는 또 다른 일화는 창원에 있는 삼성테크윈의 소형 압축기를 개발하는 연구 현장을 방문했을 때의 일이다. 연구 개발 책임자는 분당 10만 번 이상 회전해야 하는 고속 축이 분당 7~8만 번만 회전해도 파손되는데, 소재를 러시아에서 공급받기 때문에 골치가 아프다고 했다. 필자는 납품 업체를 바꾸는 것이 좋을 듯하다고 의견을 제시했다. 연구 책임자는 캘리포니아 주에 경쟁 업체가 있는데, 납품 업체를 바꿀 경우 주어진 기한 내에 연구 목표를 달성할 수 없을 것 같아 결정하지 못하고 있다고 했다. 그러면서 "세계 시장에 진출하기 위해서는 연구 목표를 약간 낮추어도 문제가 없을 듯하다"라고 얘기했다. 필자는 기술 개발의 주체가 회사이므로 시장진출이 최종 목표라고 생각했다.

사무실에 돌아온 후 문제 해결을 위한 방안을 검토했다. 과기부 담당자는 지금까지 연구 목표를 과제 진행 중에 바꾼 적이 한 번도 없다고 말했다. 기계 분야 전문위원회의 결정이 있으면 바꿀 수는 있지만, 지금까지 위원회가 열린 적이 한 번도 없었다.

삼성테크윈의 과제 책임자와 문제를 다시 검토한 후에 전문위원회를 열기로 했다. 연구 목표를 약간 낮추더라도 제품을 만들어 시장에 내보내는 편이 바람직하다고 생각했기 때문이었다. 전문위원회를 세 번에 걸쳐 개최한 후 과기부의 허락을 받았다. 다행히도 삼성테크윈에서는 캘리포니아 업체로부터 받은 소재로 개발에 성공해 소형 압축기 시장에 진출할 수 있었다.

자동차와 같은 기계 관련 제조업은 반도체 산업보다 부가가치가 크지는 않지만 고용 효과가 매우 크다. 독일과 일본이 제조업을 포기하지 않는 이유 중의 하나이지 않을까 싶다.

정부에서는 G7 과제 후속으로 프런티어 과제 사업을 발굴·기획했다. 기계전문위원실에서는 전문가들의 도움으로 나노메카트로닉스, 스마트 무인기, 지능 로봇, 실버용 로봇 과제 등을 기획했다. 다행히도 지능 로봇과 실버용 로봇 과제는 지능 로봇으로 통합되었다. 과제는 사업단이 꾸려져 한국기계연구원, 한국항공우주연구원, 한국과학기술연구원(KIST)에 의해 각각 수행되었다.

뿐만 아니라 중소기업을 지원하기 위해 엔지니어링 과제와 공학용 해석 소프트웨어 과제를 기획해 사업화했다. 엔지니어링 과제는 산업부로 넘어가 계속 지원되기도 했다. 요즈음 인공지능 관련 과제가 인기가 있어 공학용 해석 소프트웨어 과제를 지속시켰으면 연계될 수 있었을 텐데 과제가 지속되지 못해 아쉽다.

2년 동안 과제 기획 및 관리를 위해 많은 연구자를 만나고 연구 현장을 둘러볼 기회가 있었다. 기계전문위원실에서 같이 일을 도와준 김현철 박사는 3년 이상 일을 한 것 같다고 회고하기도 했다. 연구 개발이 효율적으로 이루어지려면 연구 과제의 기획이 중요하고, 정부의 정책이 예측 가능하면 좋겠다는 건의를 현장에서 많이 들었다. 미국 국방성 산하의 고등연구계획국(Defense Advanced Research Projects Agency)에서는 과제의 제목이 같더라도 두세 개 연구팀이 동시에 연구를 수행하면서 경쟁할 수 있도록 허락한다. 연구 목표나 방법에 따라 연구 내용과 결과가 달라질 수 있음을 받아들이고 효율적 연구 운영 방안에 대해 연구자와 정책 당국이 같이 고민해야 한다. 연구자들도 윤리의식과 결과에 대한 책임감을 강화해야만 국민으로부터 지원과 박수를 받을 수 있다는 것을 잊어서는 안 된다.

지구 환경을 개선해
후손에게 물려주는 문제

━━━━ 2015년 11월 말, 신문 지상에 오르내린 가장 큰 이슈 중 하나가 폭스바겐 사태일 것이다. 폭스바겐이 배기가스와 소음 시험 결과를 조작했다는 정부 발표를 적지 않은 사람들이 믿지 않았다. 이는 폭스바겐이라는 독일 회사의 명성과 독일인들이 가지고 있는 과학기술에 대한 자부심을 감안하면 많은 사람들이 쉽게 공감할 것이다. 주 이슈는 자동차 배기가스가 미세먼지 발생의 주요 원인이어서 인체에 유해하다는 점이다.

미세먼지란 지름이 $10\mu m$(마이크로미터) 이하의 미세 입자로 자동차 배기가스나 화력발전소 등을 통해 배출되며, 중국의 황사나 심한 스모그 때 날아오는 크기가 작은 먼지도 포함된다. 지름이 $2.5\mu m$

이하의 미세먼지를 초미세먼지라 하는데, 대기로 배출된 가스 상태의 오염물질은 초미세먼지 입자로 바뀌기도 한다.

2013년에 세계보건기구는 미세먼지 중 디젤에서 배출되는 탄소 알갱이를 1급 발암물질로 지정했다. 또 많은 연구자들은 장기간 미세먼지에 노출될 경우 면역력이 급격히 저하되어 호흡기 질환은 물론 심혈관 질환 등 각종 질병을 유발할 수 있다고 발표했다. 환경부는 1995년부터 10μm 이하의 미세먼지를, 2015년부터는 2.5μm 이하의 초미세먼지를 대기오염 물질로 규제하고 있다.

2014년에 발간된 유엔 기후변화위원회 5차 보고서를 토대로 국립환경과학원은 중국의 초미세먼지 배출량은 계속 증가하다가 2022년을 정점으로 감소할 것으로 전망했다. 그러나 현재처럼 중국이 산업화될 경우 초미세먼지의 배출량은 2050년까지 증가하고, 2055년경에야 줄어들지도 모른다고 한다.

산업의 발전이 가져오는 환경문제의 해결책을 어디에서 찾아야 할 것인가? 미국 펜실베이니아 주의 아미시(Amish) 마을과 같이 산업화를 거부하거나, 과학기술과 시민 정신을 함양하는 데서 찾아야 한다. 전화·컴퓨터·전기마저 쓰지 않고 마차를 고집하는 아미시 마을의 생활에서 근검한 시민정신을 배워야 한다.

2016년, 기계연 송영훈 박사 연구팀은 질소산화물을 처리하는 데 매우 효율적인 플라스마 연소기를 개발했다. 정부는 이와 같은 연소기를 하루빨리 경유차, 선박, 화력발전소 등에 시범 적용해야 할 것이다.

최근에 북한의 미사일 발사와 이에 대응하기 위한 사드 미군 부대 설치 결정에 국민의 여론이 다양했다. 우리의 생존권을 위협하고 있는 환경문제 또는 안보 문제를 감정적으로만 대응할 수는 없다. 한동안 시끄러웠던 수입우 광우병 문제나 천성산 도롱뇽 문제를 다시금 돌아볼 필요가 있다.

폭스바겐이 문제가 된 차량을 싸게 팔아서 오히려 판매 대수가 올라가는 일이 국내에서 더 이상 일어나지 않기를 기대한다. 겉으로는 유사해 보이지만, 성능이 미달하는 질소산화물 저감 장치 장착을 거부하는 시민정신의 함양에도 힘써야 한다.

그런 의미에서 폭스바겐 판매 금지 및 리콜 결정을 환영한다. 지금부터라도 미세먼지 문제의 핵심을 근본적으로 규명하고, 합리적이며 과학적인 해결 방안을 찾아 우리 삶의 행복지수를 떨어뜨리는 행위를 더 이상 용납하지 않아야 한다. 국제 사회의 일원으로 지구의 환경을 개선해 후손에게 물려주는 것이 우리의 책임임을 잊지 말고 행동으로 옮겨야 할 것이다.

과학기술 개발 전략에 대한
사고의 변화

━━━ 2016년 봄, 우연히 '독도사랑지킴이'로 활동 중인 가수 김장훈의 공연을 관람했다. 그는 다른 출연진과 달리 특이하게 "교회에서 찬송가 부르듯이 노래를 얌전하게 하지 말고 자연스럽게 토해내듯이 뛰면서 불러서 스트레스를 발산시키라"고 주문했다. 그러자 관객들은 마음껏 공연을 즐기는 분위기로 빠져들었다.

그는 또한 공연의 말미에 전매특허인 하이킥을 선보였다. 요즈음 전과 달리 발이 높이 올라가지 않아 고민인데, 더 높게 찰 수 있도록 도와주는 인공지능은 없느냐며 농담을 건넸다. 김장훈은 평소에도 과학기술의 중요성을 곧잘 주장하는 편이라고 한다. 공무원 친구에게 로봇의 중요성을 전파해서 기술 발전에 기여했다고 자랑했다는 말을 들은 적이 있다.

요즈음 과학기술의 개발 전략을 '추격형'에서 '선도형'으로 바꿔야 한다는 주장을 주변에서 자주 접한다. 실패를 거듭하면서도 새로운 것에 도전하여 우리에게 필요한 기술을 우리 손으로 개발해내자는 말이다. 세종대왕 때와 같이 우리의 혼을 불어 넣어 우리만의 것을 만들어내야 한다.

그러나 실상은 어떠한가? 기본에 충실하기보다는 '시험만 잘 보면 끝'이라거나 '줄을 잘 서면 된다'는 식으로 생각한다. 내용과 원칙보다는 포트폴리오를 어떻게 잘 꿰어 맞출까를 더 많이 고민하기도 한다.

우리는 그동안 주변의 눈치를 많이 보는 환경에서 자라났다. 집에서는 어른들 눈치를 살피기 바쁘고, 직장에서는 항상 상사들의 눈치를 보면서 살고 있다. 하고 싶은 일이 있어도 주변 눈치 보느라, 관행에 익숙해져서 꾹 참아야 하는 경우가 많다.

어느 외국인학교에서 일어난 단순한 일화는 우리에게 의미하는 바가 크다. 한 학생이 도서관에서 책을 많이 빌려 다 읽지도 못했는데, 많이 빌렸다는 이유로 독서상을 받았다. 이 학생은 양심의 가책을 느껴 조용히 담당자를 찾아가 사실을 털어놓았다. 실은 책을 빌리기만 하고 읽지는 다 못했다고 고백하고는, 상을 반납해도 좋다고 밝혔다. 그러자 담당자는 빌려 간 책을 모두 읽었거나 안 읽었거나 이미 학기가 종료됐으니 상을 준 것이 문제가 되지 않는다고 말했다. 오히려 관심이 있어 빌렸던 책들인 만큼 되도록 시간을 내서 다시 읽어보라며 학생을 격려했다고 한다. 학생은 상을 타는 데 현혹

되기보다는 실수를 인정했고, 오히려 다시금 재도전할 수 있는 기회를 얻었다.

　찰스 윌리엄 엘리엇은 1869년부터 40년 동안 하버드대학의 총장으로 일하면서 하버드대학을 연구중심대학으로 만든 인물이다. 단순히 유럽의 대학을 본뜨기보다는 미국이 필요로 하는 대학의 모델을 만드는 데 심혈을 기울였다.

　우리가 고민을 자연스럽게 토해내지 못하는 사이, 우리의 행복지수는 국민소득의 증가와는 무관하게 계속 떨어질 수도 있다. 자기반성을 통해 더욱 큰 자신감을 얻은 학생에게 무한한 찬사를 보내며, 우리가 겪고 있는 성장통의 하나인 OECD 국가 자살률 1위에서 벗어날 수 있도록 하루빨리 사고를 바꿀 수 있길 기대해본다.

지속 가능한 성장의 동력

     ■■■■　2015년 7월에 유럽 한인과학기술인 학술 행사에 다녀왔다. 짧은 기간에 스위스, 프랑스, 독일을 돌아보며 이들은 어떻게 끊임없이 발전해왔는지, 그 꾸준함과 여유로움의 원동력은 무엇인지 고민했다. 유럽이 보유한 자원과 환경을 바탕으로 전통과 문화를 보존하고 발전시켜온 열정이 경쟁력의 원천이라고 새삼 느꼈다.

  행사가 열렸던 스트라스부르는 구텐베르크 인쇄술이 완성된 도시로, 유럽의회가 자리하고 있는 알자스의 경제·문화 중심지이기도 하다. 오래된 중세시대 건축 양식과 더불어 근대 건축물이 조화를 이루며 발전해서, 교과서에 실릴 만큼 이름난 유럽의 교통 중심지다. 르네상스시대 목조 건축물이 도시 중심축에 건재해 많은 관광객을 불러 모으고 있다. 작고 오래된 도시인데도 전통과 문화를 이어가려는 노력이 인상적이었다. 이 같은 국민 의식이 현재 스트라스부르의 생명력을 유지하는 데 큰 원동력이 되지 않았을까?

유럽의 여러 나라 중에서도 오랫동안 사회 간접투자를 한 국가와 그렇지 못한 국가의 경쟁력을 비교해보면 차이가 크다. 정부가 문화, 전통, 경제, 환경을 잘 고려해 사회 간접자본을 지속적으로 구축해온 국가는 경쟁력을 확보해 국민이 윤택하고 여유롭게 살고 있다.

출장길에 방문했던 스위스 최대 자연과학 및 공학 연구소인 폴 쉬러 연구소(Paul Scherrer Institute, PSI)는 1960년부터 가속기 등 대형 연구 시설에 투자해온 세계적 연구 기관인데, 50년간 물리, 재료, 에너지 등 자연과학 분야의 연구 개발과 시설에 투자해왔다. 최근에는 축적된 인프라와 경험을 활용해 방사선 의약품과 바이오 분야에 새롭게 도전하고 있다.

지난 반세기 동안 우리나라도 사회 인프라 기술을 확보하기 위해 많은 투자와 노력을 경주했고, 세계 10위권의 경제 대국으로 성장했다. 그런 만큼 과학기술 분야에서도 추종자 역할을 벗어나야 할 때가 됐다. 이제는 전통과 문화, 생활 환경에 기반을 둔 지속적 성장을 생각할 때다. 세계 선진국의 과학기술 정책이 변화하면 우리의 현실은 고려하지 않고 무턱대고 따라가거나, 단기적인 정치적 이해에 따라 정책이 결정되지는 않는지 살펴봐야 할 때다.

요즘 몇몇 지자체에서 유럽식 노면 트램을 도입하려 한다. 유럽은 철도 중심 대중교통 시스템을 기반으로 도시가 발전해왔다. 자동차

❚ 스트라스부르 시내에 있는 르네상스시대 건축물.

를 중심으로 도시가 발전한 미국에서 트램이 유행하지 않는 이유가 바로 여기 있다. 도시의 성장 배경과 환경을 고려하지 않은 사회 간접자본 투자가 우리 사회를 지속적으로 발전시킬 수 있을지 걱정스럽다.

1970년대부터 본격적으로 시작된 우리의 연구 개발 역사도 어느 덧 불혹이 지났다. 그동안 쌓아온 성과와 경험을 바탕으로 경쟁력을 심화시키고 필요한 경우에는 국제적 네트워크를 통해 창조적 융합을 이루어야 지속 가능한 발전을 이룰 수 있을 것이다.

선풍기와 에어컨이 없는 스트라스부르 의과대학의 강당은 매우 무더웠지만, 기본에 충실하고 전통과 환경에 순응하는 삶이 그곳의 사람들을 훨씬 여유롭게 한다. 단순한 삶의 지혜이지만, 본받을 만하다.

사소한 일에서 시작되는 큰 변화

━━━ "못 하나가 없어 말편자가 망가졌다네. 말편자가 없어 말이 다쳤다네. 말이 다쳐 기사가 부상당했다네. 기사가 부상을 당해 전투에서 졌다네. 전투에 져서 나라가 망했다네."

작은 못 하나로 나라가 사라졌다는 영국 민요다. 성공과 실패는 사소한 일로 결정될 수 있다는 것은 누구나 경험하고 느끼는 사실이다. "성공은 시스템에서 결정되지만, 실패는 디테일에서 나온다"라고 매리어트인터내셔널의 빌 매리어트(John Willard Marriott Jr.) 회장은 말했다. 날로 경쟁이 치열해지는 사회에서 디테일이야말로 경쟁력이라는 주장이 점점 힘을 얻고 있다. 232년 전통의 영국 베어링스은행이 1995년에 파산한 것이나, 우주 왕복선 컬럼비아호가 발사

된 뒤 열차폐용 타일 문제로 폭발한 것은 이를 극명하게 보여준다.

또 다른 예도 있다. 독일 훔볼트 재단에서 제공하는 장학금을 받고 1년간 독일 에어랑겐대학에서 연구할 때의 일이다. 필자는 퇴근할 때 책상 정리를 잘하지 않는 편이었다. 그러나 독일 학생은 보안과 안전 규정을 철저히 지켜 정리했다. 독일인들은 점심에는 따뜻한 수프를 먹고 아침에는 차가운 음식을 먹는 습관을 아직 간직하고 있다. 세계대전 때 에너지를 절약하기 위해 생긴 습관인데, 전쟁이 끝나고 유럽 경제 강국으로 성장한 지금도 여전하다.

아무리 사소한 일이라도 무시하지 않으려는 독일인의 태도는 때로는 답답해 보이지만, 훌륭한 결과를 만들어내는 원동력이다. 그간 우리는 압축 성장하는 과정에서 디테일을 무시하거나 중요하게 여기지 않았다. 실제로 작은 부품 하나로 인해 우리 힘으로 개발한 나로호의 발사가 지연되기도 했다. 세계 최고 기술국인 독일에서도 고속열차 쇠바퀴의 미세한 균열로 100명 넘는 인명을 잃는 사고가 일어난 적이 있다.

이렇듯 사소한 것 하나가 제품과 기업과 국가 이미지를 결정한다. 스티브 잡스의 애플 디자인이나 세계적인 명품은 모두 눈에 보이지 않는 사소한 부분까지 수없이 반복해서 검토한 후에 나온 성과다.

제조업이 강한 일본에는 모노즈쿠리라는 말이 있다. 작은 나사못, 볼트 하나도 장인의 혼을 담아 세계 최고 제품을 만들어낸다. 사소한 것까지 '디테일을 챙긴다'는 정신으로 만들어 기술 가치를 높이는 것이다. 이제는 디테일이 경쟁력인 시대다. 디테일에 대해 "100-1은 99가 아니라 0"이라고 강조하는 사람이 있기는 하지만, 필자는 '100×0=0'이라고 생각한다. 연구 개발 효율을 높이기 위해서는 디테일을 챙기는 것을 결코 놓치지 말아야 한다. 이제는 무늬만 세계 최고, 최초인 기술은 통하지 않는다.

자기부상열차도 마찬가지라는 판단에서 사소한 부분을 보완하고 완성도를 높이고자 'BKT(Buy KIMM-Tech)' 프로그램을 한국기계연구원에서 2016년까지 지속적으로 운영했다. 연구 개발 단계에서 실용화를 위해 놓친 2%를 고객과 함께 찾고 다듬는 과정이다.

옛말에 사소한 것에 신경 쓰는 사람은 큰일을 이루지 못한다고 했지만, 이제는 목표하는 바를 이루기 위해 단순해 보이는 사소한 일 하나하나까지 챙겨야 한다는 것을 잊어서는 안 된다.

6장

과학기술 발전을 향한 국제 협력의 현장

국제적인 네트워크를 통한
연구 결과의 공유와 상호 인정

2008년 초에 KAIST의 국제 인지도 향상과 국제 협력 강화를 위해 세계연구중심대학총장회의 개최와 더불어 해외 기술발표회 프로그램을 기획했다.

KAIST에는 국제적으로 알려진 연구자들이 분야별로 많은 관계로, 우선 어느 연구자를 해외기술발표회에 참석시킬지 결정하는 일이 매우 어려웠다. KAIST 교수들은 주로 미국에서 수학했으므로 국제적 인지도 향상을 위해 주된 방문 대상을 유럽의 연구중심대학으로 정했다.

처음 방문한 대학과 기관은 스웨덴왕립공대, 스웨덴 왕립공학한림원, 독일의 뮌헨공대, 베를린공대, 영국의 케임브리지대, 임페리얼칼리지였고, 런던에 있는 QS 본사도 방문하기로 했다. 화학과 유룡 교수, 생명과학과 정종경 교수, 전기 및 전자공학과 최양규 교수,《과기원신문》김양우 편집장과 영문지《KAIST 헤럴드》정아람 편집장으로 구성했다. 장차 커나갈 학생들에게도 살아 있는 경험을 체험하게 하기 위해서였다.

유룡 교수는 KAIST 내에서 노벨상 후보에 가장 근접한 촉망받는 교수였고, 공과대학의 발전을 위해서 뮌헨공대, 베를린공대, 임페리얼칼리지를 방문하기로 한 것이다. 서남표 전 총장은 국내에서 몇 안 되는 스웨덴 왕립공학한림원 회원으로 스웨덴 왕립공학한림원 본부 방문에 큰 도움이 되었다.

방문 기간은 2008년 3월 31일부터 4월 4일까지였다. 일어나자마자 학교 방문을 마친 후 이동하는 강행군이었다. 대학 방문 계획에는 생각지도 못한 어려움이 따랐다. 막상 현지의 교통편을 준비하는 것이 큰 어려움 중 하나였다. 특히 방문 지역이 멀리 떨어져 있고 움직이는 인원이 소수가 아니어서 항공편과 육상 교통의 연계가 중요했다.

스웨덴에서는 숙박료가 너무 비싼 탓에 스웨덴왕립공대가 추천해 준 호텔 바나디스(Hotel Vanadis)를 국제협력실에서 숙소로 예약했다. 공항에 마중을 나온 밴 운전사가 호텔 입구를 몰라 밤늦게 도착한 일행들을 더욱 피곤하게 만들기도 했다.

숙소에서는 공동 화장실을 사용해야 했기 때문에, 모임을 주관하는 처지에서 방문하는 연구자들이 편안하게 발표할 수 있도록 충분히 챙기지 못해 미안했다. 베를린공대에서는 서 총장이 발표하던 도

중 갑작스럽게 많은 눈이 쏟아져서 발표를 갑자기 중단하고, 다음 방문지로 가기 위해 공항으로 향했던 기억도 있다. 이 같은 일은 사전에 대비할 수 없는 상황이라, 현지에서 재빨리 결정해서 움직여야 했다.

임페리얼칼리지 방문을 마치고 재영한국인과학자협의회의 김정식 박사를 비롯한 현지 유학생들과의 저녁 만찬은 인상적이었다. 유명한 대학교 총장들이 많이 다녀가지만, 유학생들과 저녁을 같이 하는 경우는 드물다고 김 박사는 전했다. 서 총장은 젊은 과학기술자들과의 모임을 통해 장래에 같이 일할 수 있는 인재를 만나는 데도 관심이 많았다.

당시 방문에 참여했던 정아람 편집장은 현지에서 중간고사를 봐야 했다. 담당 교수가 시험을 늦출 수 없다고 해서 어쩔 수 없었다. 정 편집장은 방문 동안에 일어난 일을 학업 계획서로 잘 정리하여, 미국 내에서도 경쟁률이 매우 높은 뉴욕 컬럼비아대학 신문방송학 석사 과정에 무난히 진학할 수 있었다.

노벨상 위원회를 운영하는 스웨덴 왕립공학한림원에서 만났던 스웨덴의 우수 대학 경영진들과의 만남은 아직도 기억에 남는다. 우리보다 더 나은 프로그램을 운영하는 대학의 경영진이지만, 젊은 KAIST가 추구하는 경영 철학과 연구 결과를 진지하게 듣고 궁금한 점을 확인하며 관심과 주의를 기울였다. 노벨상 수상을 위해서는 연구자가 탁월한 것도 중요하지만, 국제적인 네트워크를 통해 연구 결과를 공유하고 인정받을 필요가 있다는 것을 깊이 깨닫는 계기였다.

세계적 연구기관과의
연구원 교류를 통한 발전 가능성

▅▅▅▅ KAIST는 미 항공우주국 에임스연구소에 매년 박사후연구원들을 소규모로 파견하는데, 양 기관에서 경비를 공동으로 부담하는 것이 원칙이다. 피트 워든(Pete Worden) 소장은 한국항공우주연구원(이하 항우연)을 방문하는 기회를 이용해 2007년 10월에 KAIST를 방문했다. 워든 소장의 방문 중에 협의하는 과정에서, 서 총장은 캘리포니아 주 마운틴 뷰에 있는 에임스연구소와 국제협력 상호 이해 각서(Memorandum of Understanding, MoU)를 교환하기로 합의했다.

막상 실무를 추진하는 과정에서 난관에 봉착했다. 양 기관의 책임자끼리 합의를 본 사항이었지만, 워싱턴에 있는 미 항공우주국

2007년 10월 4일, 미 항공우주국 에임스연구소 피트 워든 소장의 KAIST 방문.
한국과학기술원 사진 제공

본부에서 "한미 국가 간 항공우주협정의 규정에 따라 한국과의
MoU는 NASA의 국제협력국장만이 서명할 수 있다"라고 주장했기
때문이다.

당시 미 항공우주국 본부가 달 탐사 프로젝트를 한국의 항우연
과 공동으로 추진하는 계획을 검토하고 있었다는 것을 뒤늦게 알게
되었다. 에임스연구소는 NASA 소속이므로, KAIST와 공동 연구 협
력을 한다고 하니 당연히 달 탐사 프로젝트도 협력 주제 중의 하나
로 실무자가 명기해둔 것이 화근이 된 셈이었다. 당시 KAIST는 달
탐사 프로젝트를 수행할 단계가 아니었고 항우연과 경쟁할 상황은
더욱 아니었다. 미리 항우연 경영진과 직접적인 소통이 이루어졌다

면 번거로움을 피할 수 있었을 것이다.

항우연은 기계연의 항공 파트와 한국천문연구원의 우주 분야가 떨어져 나와 만들어진 기관이었다. 항우연과는 우리별 프로젝트를 수행한 한국과학재단 지정 인공위성연구센터와의 관계 문제로 KAIST와 묘한 갈등이 있었다. 항우연은 인공위성연구센터를 흡수 합병하기를 원했지만, 이를 원하지 않았던 일부 센터 연구원들이 SaTrec-I라는 벤처를 세워 독립했다.

이본 펜들턴 박사의 도움을 받아, NASA 본부는 MoU는 체결할 수 없으나 상호 동의 각서(Memorandum of Agreement, MoA) 체결은 허락할 수 있고, 이를 에임스연구소가 아닌 우주전시관에서 하는 것으로 최종 결정을 내렸다. 펜들턴 박사의 도움이 없었다면 박사후연구원 과정이 빛을 보지 못했을지도 모른다. 이런 이유로 2008년 1월 26일 현지에서 이루어진 MoA 체결 행사에는 한국 보도진의 현장 취재가 제한되었다. 아울러 모든 취재 내용은 NASA 본부의 사전 허락을 받아야 했다.

이때의 박사후연구원 상호 교류 협력으로, 2009년부터 매년 KAIST 박사 졸업생들이 2명 내외로 에임스연구소 내에서 근무할 수 있는 기반이 마련되었다. 일반적으로 영주권이나 시민권이 없는 경우에는 NASA를 출입하기 위해 출입증을 경비실에서 받아야 했지만, KAIST에서 파견된 연구원들은 더는 이런 불편을 겪지 않을 수 있었다.

2009년에 김태민 박사(전산학과 졸업)와 이현재 박사(항공과 졸업)가 처음으로 파견되었다. 파견된 연구원들 중 김태민 박사(현재 마이크로소프트 근무)와 한진우 박사(전기및전자공학과 졸업)는 정규 직원으로 채용되기도 했다. 특히 한진우 박사가 2016년 미국의 촉망받는 젊은 과학기술인 105인에 선정되었다는 소식을 세계연구중심대학총장회의에서 들었을 때의 기쁨은 그동안의 어려운 과정을 다시금 떠올리게 했다.

기계연 원장으로 2014년 여름에 동료들과 다시 에임스연구소에 방문했을 때 워든 소장은 KAIST와의 협력에 매우 만족하고 있다며 반갑게 맞아주었다. 샌프란시스코 공항 근처 호텔에서 열린 재미과학자국제회의에서 공동 협력 기관으로 기계연을 발표 자료에 포함시킨 것을 보고 더 큰 보람을 느꼈다. 워든 소장은 2014년 처음 개최된 미래기계기술포럼 코리아에 데이비드 코스마이어 박사를 추천해주면서 명분과 실리를 함께 챙겼다. 우리도 명분만 내세우기보다는 실용성에 근거한 합리적인 선택을 할 수 있는 능력을 지금부터라도 갖추어나가길 기대한다.

사람과 사람 사이,
작은 인연에서 시작되는 국제 협력

━━━━ ARAMCO는 세계적인 석유회사다. 사우디아라비아 다란에 위치한 ARAMCO 근처에는 킹파드석유광물대학교(King Fahd University of Petroleum and Minerals, KFUPM)가 있다. 사우디아라비아는 1980년대 건설 붐으로 한국 경제 부흥에 많은 도움을 준 국가다. 실제로 리야드에 있는 교육부와 같은 관공서를 한국의 건설회사가 시공했다며 자랑스럽게 설명하는 것을 현지에서 직접 들은 적도 있다.

KFUPM에는 베키르 새미 일바스(Bekir Sami Yilbas) 교수가 기계과에 근무하고 있는데, 국제 논문집 편집 활동을 하면서 알게 된 사이였다. 한번은 일바스 교수가 KFUPM의 외국인 자문 교수단을 초청하는데 서남표 총장을 추천하고 싶다며 이메일을 보냈다.

당시 자문단은 쉘(Shell) 석유회사 부회장, 유명 대학의 총장을 포함한 유력 인사들로 구성되어 있었다. 서 총장은 자문단의 명단을 보고는 흔쾌히 동의했다. 당시 칼리드 알 팔리(Khalid Al Falie) 자문단 의장은 ARAMCO 회장이었다.

이렇게 맺어진 인연으로 KAIST는 ARAMCO와 이산화탄소 저감에 관한 공동 연구 프로젝트를 추진하게 되었다. KAUST(King Abdullah University of Science and Technology)에서 공모한 국제 연구 프로젝트에 KAIST가 비슷한 연구 주제로 계획서를 보낸 적이 있지만, MIT에 밀려 프로젝트 수주에 실패한 경험이 있었다.

ARAMCO는 사우디아라비아 국부의 근원이므로 KAIST는 공동 프로젝트를 다시금 추진하고 싶어 했다. 프로젝트는 처음에는 KFUPM, KAIST, ARAMCO가 참여했다. KFUPM과 ARAMCO의 관계자들이 2010년 6월 KAIST에 와서 관심 과제에 대해 발표하고, 이어서 우리 측 연구진이 KFUPM에 가서 연구 과제를 발표했다. 이 과정을 통해 ARAMCO와 KAIST의 공동 출자로 공동연구센터가 시작되었다. 우연한 기회로 이 프로젝트의 물꼬를 터준 일바스 교수에게 감사를 표한다.

이 프로젝트와는 별도로 사우디아라비아 교육부 장관 일행이 2010년 10월 26일에 KAIST를 방문했다. 사우디아라비아 문화원 주관으로 소규모 미팅이 열렸고, KAIST 국제 협력에 관해 필자가 발표했다.

미팅 후에는 사우디아라비아 문화원 주관으로 사우디아라비아

2011년 5월 16일, KAIST를 방문한 칼리드 알 팔리 ARAMCO 회장을 맞이하는 필자.
한국과학기술원 사진 제공

교육부와 주요 대학을 방문할 기회가 생겼다. 사우디아라비아의 수
도인 리야드에 있는 킹사우드대학교와 교육부를 방문하고, 투루키
알 아이야(Truki Al Ayyar) 문화원장의 도움으로 킹사우드대학과
국제 공동 연구 과제가 성사되었다. "한번 맺은 인연을 소중히 여겨
야 한다"는 것을 절감했다.

킹사우드대의 총장은 필자에게 공대 학장 또는 총장 자문역을 맡
아 대학의 선진화를 이루는 데 도움을 달라고 제안했지만, 문화적
인 요인을 극복하기 어렵다는 개인적인 판단에 정중하게 거절했다.

사우디아라비아대학을 방문하던 중 킹압둘아지즈대학교(King
Abdulaziz University, KAU)에서 우연히 무하마드 아와이스

(Muhammad Awais) 교수를 만나게 되었다. 아와이스 교수는 파키스탄 태생으로, 필자의 실험실에서 석사를 마친 후 아일랜드의 더블린대학에서 박사를 마치고 사우디아라비아에서 교수직을 얻었다. 우연한 기회를 통해 필자를 현지에서 만나게 되자 매우 반가워했다.

한국전력 컨소시엄은 총 400억 달러(약 47조 원) 규모의 아랍에미리트(UAE) 원자력발전소 프로젝트를 2009년 12월 말에 수주했다. 프로젝트 교육 사업의 목적으로 KAIST는 원자력발전소를 운영할 요원을 훈련시키는 프로젝트를 칼리파과학기술연구대학교(Khalifa University of Science, Technology, and Research, KUSTAR)와 진행했다.

이 프로젝트를 위해 KUSTAR를 두 번 방문하여 프로젝트의 기본 골격을 완성하고 원자력 및 양자공학과의 김종현 교수에게 프로그램 운영을 맡겼다. 토드 라우르센(Tod A. Laursen) KUSTAR 총장은 2010년과 2011년에 세계연구중심대학총장회의에도 참석했다. 두 학교는 지금도 KAIST/KUSTAR 프로그램을 운영하고 있다. 우연히 이루어진 국제 협력이 계속 잘 이어지는 것을 보면 지금도 흐뭇하다.

국제 협력을 통한
정책의 연속성과 효율성

━━━ 필자는 ASPIRE(Asian Science and Technology Pioneering Institutes of Research and Education) 리그의 회장 자격으로 2011년 도쿄공대 130주년 기념 강연회에 초청되어 국제 협력의 중요성에 관해 기조 강연을 한 적이 있다. 이 모임에서 1986년에 시작된 나카소네 전 총리의 국제화 정책 이후로 뚜렷한 성과를 이루지 못한 일본 정부가 지속해서 대학의 국제화를 추진하고 있으며, 도쿄공대는 일본의 새로운 대학 정책을 적용하기 전에 우선 시험해보는 대학이라고 들었다.

국제 교류를 활성화하기 위해 일본의 문부성은 아시아 지역 간 국제 협력 프로그램의 지원을 확대하고, 도쿄공대, 칭화대, 난양공대, 홍콩과기대, KAIST로 이루어진 ASPIRE 리그를 2009년에 도쿄공대를 중심으로 구축했다.

ASPIRE 리그는 1999년 10월 유럽의 주요 연구중심대학인 임페리얼칼리지, 델프트공대, 취리히공대, 아헨공대의 네 대학의 머리글자를 따 결성한 IDEA 리그를 모델로 삼은 것이다. IDEA 리그는 2006년 파리공대, 2014년 스웨덴 찰머스공대, 2016년 이탈리아의 밀란공대를 회원으로 받아들여 유럽 내에서 국제 협력을 강화하고 있다. ASPIRE 리그의 국제 협력 프로그램은 대학 및 대학원생이 리그 내의 대학에 반 학기 또는 1년간 방문하여 수학하도록 체계적으로 지원하는 것을 목표로 하고 있다.

ASPIRE 리그 프로그램의 성과를 기반으로, 도쿄공대는 칭화대와 함께 캠퍼스아시아 프로그램을 시작하고 싶어 했다. 도쿄공대의 이치로 오쿠라 부총장, 칭화대의 유안 시(Yuan Shi) 부총장과 필자는 KAIST에서 2011년 7월 캠퍼스아시아 프로그램을 만들기 위한 상호 이해 각서에 서명하고, 세 학교 간 공동 학위 프로그램 개설을 적극적으로 추진했다. 시범적으로 각 학교에서 5명의 학생을 다른 학교에 파견하기로 했다.

칭화대와 도쿄공대는 이미 생명공학 분야에서 공동학위제가 진행되고 있었다. 칭화대의 담당 교수가 도쿄공대 졸업생이었기 때문이었다. 도쿄공대는 공동 학위 프로그램 개설에 신중했고 칭화대는 실리적이어서, 협약을 체결하기까지는 시간이 걸릴 듯했다. 또 다른 문제는 KAIST는 5년 사이에 프로그램 책임자나 담당자가 바뀌지만 도쿄공대와 칭화대는 바뀌지 않아 정책의 연속성과 취지를 살리는

2012년 정월, 캠퍼스아시아 프로그램에 참석한 칭화대 학사 과정 학생들과 필자의 연구실에서 연구를 수행 중이던 태국 콘켄대학 박사 과정 학생인 난티왓 폴디(Nantiwat Pholdee, 현재는 동 대학 기계공학과 조교수)와 함께.

데 상대적으로 두 학교가 수월해 보였다.

KAIST는 2006년부터 영어 강의가 적극적으로 추진되기 시작해 도쿄공대의 부러움을 사고 있었다. 5명의 칭화대 학생들이 캠퍼스아시아 프로그램을 이용해 교환학생으로 KAIST를 방문하여 수강했는데, 기계공학과의 경우 학생들의 성적이 매우 우수했다. 10명의 KAIST 학생들도 칭화대와 도쿄공대에 한 학기 또는 1년 정도 머무르는 교환학생 프로그램에 참여했다.

지금까지 교환학생은 미국이나 유럽 쪽이 많았는데 캠퍼스아시아 프로그램으로 인해 대상 학교가 다양해지는 계기가 되었다. 칭화대의 영어 강의나 기숙사 문제 등이 활성화 저해 요인으로 작용했지만, 경제적인 지원 측면에서 도쿄공대의 학생 유치 노력은 다른 학교보다 월등했다.

필자는 ASPIRE 리그를 유럽의 IDEA 리그처럼 발전시키기 위해 국제 네트워킹을 강화하려 했다. 그래서 2011년 7월, ASPIRE 리그를 통해 일본 정부에서 지원하는 공동 연구 과제 결과를 공유하는 심포지엄을 KAIST에서 개최하고 IDEA 리그의 대표를 참석하게 했다.

이 과정에서 유럽의 IDEA 리그 학교들과 함께 KAIST는 유럽연합의 지원을 받아 에라스무스 문두스 아시아 프로그램(Erasmus Mundus Asia Program)을 만들 수 있었고, IDEA 리그 참여 학교들과 국제 교류를 더욱 활성화하면서 KAIST의 인지도가 향상되었다.

호주의 주요 대학들도 이를 본받아 한국과의 교육 협력을 강화하는 자리를 만들어 캠퍼스아시아 프로그램의 경험을 공유하길 바랐다. 그래서 교육과학기술부 관리와 같이 캔버라에서 열린 호한컨퍼런스(Australia-Korea Conference on Higher Education)에 참여해 발표했다.

우리 정부는 인구가 감소하고 있는 현재 상황에서 우수한 외국인 학생과 연구원을 유치하는 국제 협력이 관련 기관 경쟁력 강화를 위해 절대적으로 필요하다는 인식을 확고히 해야 할 것이다. 국제 협력이 일방이 아닌 쌍방이 되려면 내세울 수 있는 강점 분야가 있어야 한다. 국내 교육 및 연구 시스템의 지속 성장 가능성이 확대될 수 있도록 국제 협력 정책의 연속성과 효율성을 제고하고 과학기술 강국 건설을 위한 실용적인 전략이 마련되길 바란다.

연구 성과로 이어지는
학회 발전 방안

━━━━ 학회가 발간하는 논문집은 학회의 얼굴이다. 미국
기계학회(American Society of Mechanical Engineers)는 1880년에
설립되었는데, 전 세계 140여 개 국가에서 10만 명이 넘는 회원을
보유하고 있으며 현재 총 32개의 논문집을 분야별로 발간하고 있다.
매년 여름과 겨울에 보스턴, 샌프란시스코, 시카고 등 미국 내 주요
도시에서 돌아가며 열리는 연차 대회에는 전 세계의 많은 연구자가
참석해 논문을 발표한다.

필자는 오하이오주립대에서 산업 및 시스템공학과 조교수로
1988년 11월 미국기계학회 동계 연차 대회에 참석하고 난 후, 레이
크헤드대학의 싱(B. Singh) 교수로부터 제조 공정에 대한 컴퓨터 모

델링과 시뮬레이션을 주제로 학술대회를 공동 개최하는 것이 어떠냐는 제의를 받았다. 1989년 봄에 KAIST로 돌아왔지만 이 약속은 지켜져서, 텍사스 주 댈러스에서 1990년 11월 미국기계학회 동계 연차 대회를 클렘슨대학의 하크(I. Haque) 교수, 오클라호마대학의 알탄(C. Altan) 교수와 같이 공동 개최하고 학술대회 논문집을 발간했다.

2001년 6월에는 싱가포르국립대학교의 니(Andrew Y. C. Nee) 교수로부터 비슷한 제의를 받아, 서울 양재동 교육문화회관에서 소재 공정에 대한 아시아태평양 학술회의(Asia Pacific Conference on Materials Processing)를 부산대 강충길 교수와 공동 주관하여 개최하고 논문집 특별호를 발간했다.

이렇듯 지명도가 있는 학술대회에는 참가비를 내면서까지 참여

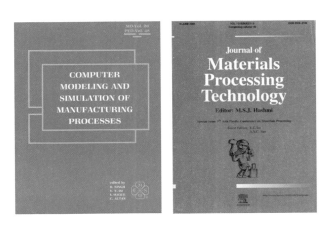

1990년 ASME 학술대회와 2001년 소재 공정에 대한 아시아태평양 학술회의 회의록 표지(왼쪽부터).

하여 새로운 아이디어나 연구 결과를 발표하기를 원하는 연구자들이 많다. 그리고 학회가 발행하는 논문집 수준은 학술대회의 참석자 수에 비례한다.

대한기계학회는 1945년 9월 5일 조선기계기술협회로 창립되어 현재 1만 명이 넘는 회원 수를 가진 대표적인 국내 학회 중의 하나다. 70년이 넘는 역사를 가진 학회인데, 2006년에 학회가 발간하는 영문 논문집은 한 종류뿐이었다. 미국과 비교해보면, 우리는 학회의 숫자를 늘리는 데만 신경을 썼을 뿐 수준이 비교가 되질 않았다.

대한기계학회가 발간하는 영문 논문집의 수준이 높아지길 바라던 차에 편집장을 할 기회가 주어졌다. 편집인들의 추천을 받아 해외 편집인단을 보강하고, 외국 연구자들의 논문 투고를 늘려 국제적인 인지도를 높이기 위해 특별호 게재를 확대했다. 일단은 논문집이 많이 알려져야 좋은 논문이 투고될 가능성이 높아질 것이었다.

2006년에만 해도 논문집의 주된 고객은 국내 투고자가 대부분이었다. 아날로그 방식의 논문 투고 시스템은 외국 출판사의 디지털 방식에 비해 낙후되었고 논문 심사 기간도 상대적으로 길었다. 영문 교정도 방해 요인의 하나였다. 그래서 영어학 박사이며 퍼듀대학교에서 근무하던 프랭크 오레오비츠(Frank S. Oreovicsz) 교수를 영문 교정자로 모셨다. 소요 비용을 충당하기 위해 직접 찬조금을 부담하고, 영문 논문집 개선의 마중물이 되도록 주변의 도움으로 기금을 모으기도 했다.

아날로그 방식의 논문 투고 방식을 개선하기 위해 학회 사무국장의 추천으로 인터넷 기반 논문 투고 시스템을 국내에서 개발하려

했다. 2007년에는 소프트웨어 벤처 붐이 일 때라서, 프로그램 개발 관련 회사들이 많았다. 그러나 진척이 시원치 않아서 결과적으로는 실패했다.

엘스비어(Elsevier)나 스프링어와 같이 세계적으로 알려진 출판사의 투고 및 게재 온라인 플랫폼을 공유하는 것이 비용이 들더라도 훨씬 경제적이었다. 스프링어는 당시 세계 시장에서 규모를 키우려 하고 있었다. 논문집 출판 영업 담당 사장이 직접 한국을 방문하여 온라인 플랫폼 공유 가능성을 검토했다. 몇 번 만남을 거듭하며 합의했고, 2007년에 계약했다. 국내에서 제일 먼저 이루어진 계약으로, 스프링어와 제휴를 원하는 국내의 다른 학회에는 표준 계약이 되었다.

스프링어의 온라인 투고 및 게재 시스템을 사용하면서 오히려 사용료 수입이 들어오기 시작한 것은 2008년부터였다. 처음에는 액수가 적었지만, 요즘에는 매년 상당한 금액이 학회로 들어온다고 한다. 추가 재원이 학회 영문 논문집 발전에 재투자되어 논문집의 위상을 높이는 데 이바지하게 되길 바란다. 줄 세우기 식 국내 평가 시스템이 사회가 필요로 하는 인재를 배출하는 평가 시스템으로 바뀌고, 이익 창출과 재투자의 선순환이 이뤄지길 기대한다.

7장

작은 문제도 소홀히 하지 않는
연구 환경 개선 문제

교육은 학생들에게
꿈과 희망의 사다리가 되어야 한다

━━━ 1989년 3월에 오하이오주립대에서 한국과학기술대로 돌아온 후, 실험실 이름을 전산재료성형연구실로 정했다. 금속 재료, 폴리머 및 복합 재료를 단조, 주조, 사출성형, 압축성형, 형상 압연 등 다양한 가공 방법으로 해석하는 컴퓨터 시뮬레이션 프로그램을 개발하는 연구를 해왔기 때문이었다.

오하이오주립대에서의 교육과 연구 경험은 지금까지 많은 도움이 되었다. 특히 미국 과학재단이 지원하는 준정형 가공에 대한 공학연구센터(NSF Engineering Research Center for Near-Netshape Manufacturing)에 1986년 8월부터 참여하면서, 자연스럽게 다른 학과 교수들과 박사 과정 학생들을 지도해보는 기회를 얻게 되었다.

오하이오주립대 화학공학과 라이 리(Ly J. Lee) 교수와 공동 지도한 지다 팬(Jyhdar Fan) 박사, 기계역학과의 이준기 교수와 공동 지도한 인행 첸(Yinheng Chen) 박사가 필자가 배출한 박사 1, 2호였다. 모두 대만국립대학 졸업생이었다. 석사 과정 학생으로는 스티브 더드라(Steve P. Dudra), 폴 버트(Paul Burte), 강슈 쉔(Gangshu Shen), 스리람 크리쉬나스와미(Sriram Krishnaswami) 등이 있었다. 한국에 돌아와서 지금까지 배출한 석사는 35명이고 박사는 26명으로, 원래 목표보다 많은 석·박사를 배출할 수 있었다. 제자들에게 감사할 뿐이다.

교수는 우수한 학생들을 지도하길 바란다. 오하이오주립대에서 다른 교수들의 요청으로 박사 과정 학생을 공동으로 지도하면서, 필자가 원하는 학생들을 뽑는다기보다는 실험실에 찾아온 학생들을 지도하는 경우가 많았다.

우리 실험실에 지원한 학생 중에는 KAIST 학사 과정 출신이 아니라 외국인을 포함한 타 대학 출신이 많다. 필자는 대학 때의 성적에 구애받지 않고 학생들을 뽑아 본인들이 원하는 공부를 할 수 있게 해주는 것이 의미가 있다고 생각하기 때문이다. 이는 초등학교를 졸업할 때 6학년 담임 선생님이 영문 사전을 주면서 "자기 몸을 불태워 사회를 밝히는 촛불이 되라"라고 했던 말을 실천하는 길이라고 생각한다. 그동안 다양한 그룹, 계층, 국가의 학생들을 지도하면서, 사회와 문화의 다양성을 이해하는 데 많은 도움을 얻을 수 있었다.

실험실 생활을 같이하게 된 학생들에게 필자는 독립적이고 비판적인 사고방식, 의사소통 능력, 개방적인 협동심을 강조했다. 안 풀

| 2019년 타이완 국제학회에서 제자들과 함께.

리는 문제도 기본과 원칙에 충실하다 보면 풀릴 것이라고 얘기하곤 했다. 아울러 졸업하기 전에 해외 학술 회의에 참석시켜 발표할 수 있는 기회를 주었다. 문제가 있을 때 실험실에 자주 나오지 않고 여행을 떠나곤 했던 제자도 사회에 나가 제 역할을 잘 수행하고 있다. 졸업생들이 성과 우선주의로만 무장된 학생들에게 뒤처지지나 않을까 염려스러운 적도 있었다. 다행히도 졸업생들이 자신감을 가지고 소신대로 사회에 잘 적응하는 것 같아 흐뭇하다.

2017년 5월 16일 자《조선일보》는 서울대, 고려대, 연세대에 저소득층 전형으로 들어오는 입학생 수가 해마다 줄어드는 것으로 보도했다. 2016년 통계에 의하면 지난 5년간 서울대 입학생의 40% 이상이 서울 출신이고, 정시 입학생의 70%가 강남, 서초, 송파구 출신이라고 한다. 교육이 계층 이동의 수단이 아니라 장벽이 되어버린 느낌이다. 미국의 일류 사립 및 주립대학에서는 사회 특권층이 아닌 도움이 필요한 계층의 학생들에게도 전액 장학금을 주어 공평한 교육의 기회를 제공하려 한다.

요즈음에는 "개천에서 용이 나오지 않는다"라고들 하지만, 다행히도 우리 실험실 졸업생들에게는 해당하지 않는 얘기다. 다양한 배경에서 학위 과정을 마치다 보니 졸업 후에도 계속 교류가 이어지는 경우가 많다. 교육이 다시금 계층 이동의 수단이 될 수 있도록 학생들에게 꿈과 희망의 사다리가 되어야 한다.

일찍부터 학원에 매달려 선행 학습으로 좋은 대학에 들어가 자기 자신만을 챙기는 교육으로는 지속적인 경제성장을 이루기 어렵다. 남의 처지를 이해하고 배려할 줄 알도록 교육의 목표가 바뀌어야 한다. 새로운 사회 경제 패러다임에 맞도록 초심으로 돌아가 문제점을 꼼꼼하게 따져서 교육 및 연구 시스템을 더욱 합리적이고 체계적으로 만들기 위해 노력을 기울일 때다.

연구원의 안정을 위한
외국인학교와의 협력

━━━━━ 외국인 교수나 귀국하는 내국인 교수가 제일 먼저 고민하는 문제는 바로 자녀들의 교육 문제다. KAIST는 이들이 수업료를 일부 감면받을 수 있도록 대전의 한남대학교에 있는 대전외국인학교와 2011년 6월 상호 교류 협력을 주선했다. 협정은 무난히 체결했으나, 2010년에 벌어진 대전외국인학교의 캠퍼스 이전 문제가 큰 쟁점이 되었다. 대전외국인학교가 무상으로 사용하던 학교 부지를 미국에 있는 남장로교 교단에서 반환해달라고 요구했기 때문이다.

대전외국인학교는 1900년 6월에 루이스 오길비(Louise Ogilvy) 선교사가 설립한 평양외국인학교에 뿌리를 두고 있다. 평양외국인

▌ 2013년 봄 대전외국인학교 강당에서 열린 학생 뮤지컬 공연 〈밀리〉.

▌ 2013년 봄 대전외국인학교 강당에서 열린 학생 밴드 연주 공연.

학교는 정국 불안으로 1940년에 문을 닫았지만, 미선교협회의 지도자들은 한강 이남에 거주하는 선교사들의 자녀 교육을 위해 1958년 대전외국인학교를 설립했는데, 1960년에는 한국기독교학교로 개명했다가 1993년에 대전외국인학교로 다시 개명했다고 한다. 이 과정에서 평양외국인학교를 졸업한 버지니아 벨(Virginia Bell)은 TCIS 졸업 앨범 이름을 "Kulsai"로 정했다. 버지니아 벨은 빌리 그레이엄(Billy Graham) 목사 부인인 루스 벨(Ruth Bell)의 동생이었으며 루스 벨도 평양외국인학교 졸업생이었다. 한편 한남대학교는 미국 남장로교 선교사인 유진 벨(Eugene Bell)의 사위인 윌리엄 린튼(William A Linton) 박사가 주축이 되어 1956년에 설립되었고, 대전외국인학교와 오랫동안 공생 관계를 유지해왔다. 대전외국인학교는 기숙학교여서 전국에서 학생을 유치했다.

갑작스러운 교단의 결정에 대전외국인학교의 운영진은 자생하는 길을 모색해야 했다. 새로운 부지와 건물을 마련하기 위해서는 350억 원의 자금이 필요했으나, 자금은 턱없이 부족했다.

캠퍼스 주변에 좋은 외국인학교가 있다는 것은 KAIST의 국제화를 위해서도 바람직하다. 포스코청암재단이 외국인학교 설립을 검토했던 것도 같은 이유였다. KAIST는 새로운 외국인학교를 시작하기에는 큰 비용이 들고 정부에서 지원받기까지 해결해야 할 일이 많아서 실행에 옮기지 못했다.

대전외국인학교의 사활이 대덕연구단지에 중요하다고 판단하고, 캠퍼스 이전을 위해 열심히 노력했다. 염홍철 대전시장이 큰 힘이 되어주었다. 염 시장은 대전외국인학교의 재단이사 중 연세세브란스

병원의 존 린튼(John A. Linton, 인요한) 교수와 친분이 두터웠다. 인요한 박사는 유진 벨 선교사의 외증손자이자 대전외국인학교의 졸업생이다.

당시 테크노밸리를 개발한 한화그룹에서 외국인학교 설립을 검토하며 단지 내에 부지를 남겨둔 상황이었다. 그러나 경제적으로 검토 결과가 만족스럽지 못해 그대로 두고 있었는데, 염 시장의 적극적인 중재로 이 부지를 무상으로 장기 임대하는 방안이 마련된 것이다. 학부모로 구성된 비상대책위원회의 적극적인 활동과 외부 투자 유치를 위한 토머스 펜런드(Thomas Penland) 박사의 노력으로, 2012년 대전외국인학교가 기사회생하게 되었다.

대전외국인학교는 국내에 몇 안 되는 외국인학교로, 인성 교육으로 유명하다. 우여곡절 끝에 자금난을 극복하고 테크노밸리로 이사했으나, 학생 수가 줄면서 많은 어려움을 겪고 있다. 어려운 환경에도 대전외국인학교는 국제 바칼로레아(International Baccalauréat, IB) 교육을 초등학교 과정부터 도입한 몇 안 되는 교육기관으로, 최근 졸업생들이 미국 명문대에도 입학하며 우수한 교육기관으로 자리매김하고 있다. 대덕연구단지의 경쟁력을 살리기 위해 대전외국인학교가 더욱 활성화되길 기대한다.

구성원과 함께 발전시킨
대학 캠퍼스

━━━━━ 1971년 당시 정근모 박사의 아이디어로 홍릉에 둥지를 튼 한국과학원(Korea Advanced Institute of Science, KAIS)은 1989년 서울에서 대덕캠퍼스로 확장, 이전하면서 과기대와 통합하여 KAIST로 거듭났다. 구 과기대 입구에는 고 최순달 초대 학장의 구상대로 스탠퍼드대학의 교목인 삼나무가 잘 자라고 있었다.

지금은 바뀌었지만, 구 과기대 교문으로 들어오면 정면이 꽤 아름답게 잘 조성되어 있었다. 1985년 과기대 학생들이 식목일에 심었던 과기대 건물 주변의 벚꽃은 봄의 싱그러움을 더해주었다. 반면에 대덕캠퍼스에 새롭게 조성된 KAIST 주변은 황량해서 1992년 시설팀을 중심으로 캠퍼스를 가꾸기 위한 활동을 자체적으로 시작했다.

홍릉에 있는 구 한국과학원 건물은 건물 외벽의 하늘색과 파란색의 타일 때문에 "목욕탕 건물"이라고 불렸다. 대덕캠퍼스를 신축하면서 일부 교수들의 주장대로 홍릉 건물과 같은 외관을 유지하기로 했는데, 이는 과기대의 빨간색 벽돌 건물과는 잘 어울리지 않았다. 좀 더 조화를 이뤘더라면, 하는 아쉬움이 남는다.

생물학과의 김형만 교수는 나무 박사인데, 벚꽃 예찬론자였던 김 교수는 국내산 왕벚나무를 특별히 좋아했다. 김 교수는 국내산 벚꽃이 겹으로 피어 일본산보다 훨씬 아름답고 오래간다고 알려주었다. 그래서 1992년 봄에 기계항공공학부 건물 건너편에서 야외음악당에 이르는 길에 왕벚나무를 심었다. 이 길은 캠퍼스의 명물로, 봄이 되면 사진을 찍는 사람이 많다. 김 교수는 마로니에, 후박나무, 목련 등을 캠퍼스 곳곳에 심기를 권했다.

국제라이온스협회 한국 주재 김종근 대표가 은행나무 138주를 기증해주어서, 캠퍼스 조경위원회의 허락을 구해 정문 입구, 기계공학동 앞 운동장과 기숙사 주변 등에 은행나무를 심었다. 그리고 이를 기념하기 위해 김 대표의 이름을 돌에 새겨 은행나무길 주변에 남겨두었다. 대학 정문에서 들어오면서 산업경영학동으로 들어가는 길을 건너면 이 표지석이 지금도 남아 있다. 대부분은 무럭무럭 잘 자랐지만, 일부는 지반 문제로 잘 자라지 못해 안타깝다.

이후로 캠퍼스 주변에 많은 기증목과 표지석이 놓이고 새로운 나무들이 식재되었다. 그러면서 캠퍼스 이전 초기 캠퍼스 조경위원회가 계획한 스탠퍼드대학의 타원형 잔디밭과 같은 본관과 도서관 앞의 상징적인 공터가 지금은 둘로 나뉘었다. 봄과 가을에 만나는 벚

▌KAIST 야외음악당 앞 왕벚나무길. 1992년대. 한국과학기술원 사진 제공

▌KAIST 야외음악당 앞 왕벚나무길. 2000년대. 한국과학기술원 사진 제공

꽃과 은행나무 낙엽을 보면 두 분의 해박한 지식과 봉사 정신을 다시금 느끼게 된다.

　캠퍼스 환경과 관련한 일화를 하나 소개한다. 학사 과정 학생회관 내 구내매점을 동료 교수들과 같이 우연히 들렀던 적이 있었다. 1990년대에는 이곳에서 라면도 팔았었는데, 쓰레기통으로 사용하던 것이 큰 황토색 플라스틱 물통이었다. 뚜껑을 덮지 않은 상태로 사용하고 있어, 여름에 모기나 파리가 많았고 냄새 또한 편치 않았다.

　학생과 담당자에게 현장 확인을 시킨 뒤, 미국의 맥도널드 매장에서 보았던 쓰레기통을 그림으로 그려가며 시정을 부탁했다. 쓰레기통에 우선 뚜껑이 덮이고, 일정 시간이 지나자 캠퍼스 내 쓰레기통에 변화가 생겼다. 뚜껑이 달린 자체 주문 제작한 쓰레기통이 등장한 것이다.

　소박하면서도 잘 정리된 캠퍼스는 마음의 평화와 안식을 준다. 때로는 성급하게 완벽을 추구하고 싶어질 때가 있다. 그러나 캠퍼스를 보면, 서두르지 않고 과거와 미래를 조망하면서 현재의 계획을 자세히 검토하는 것이 중요하다는 사실을 깨닫는다. 구성원들의 관심과 노력으로 KAIST 캠퍼스가 더욱 쾌적하고 아름답게 발전해가는 모습을 상상해보면 내심 흐뭇해진다.

캠퍼스, 화려하지는 않아도
편리한 공간을 만든다

━━━━━ 외국 대학의 캠퍼스는 구성원들의 편의를 위해 건물의 구조나 기능을 고려한다. KAIST 캠퍼스에는 2010년 7월까지만 해도 학사 과정 식당에 있는 카페를 제외하고는 캠퍼스 내에 커피 매장이 없었다. 흔히들 KAIST를 외부와 고립된 섬이라고 부르는 이유 중의 하나였다.

2008년 국제교류센터를 신축하는 프로젝트에 홍보국제처장으로 참여할 기회가 있었다. 국제교류센터만큼은 많은 구성원에게 편안한 느낌을 주는 건물이었으면 하는 바람이었다. 우연히도 대전외국인학교 건물을 설계한 데이비드 하이만(David Hyman)과 레이먼드 얀시(Reymond Yancey), 설계사무소 데카(Decca)를 알게 되었다.

데카는 대학 건물을 설계해본 경험이 많았다.

설계 공모에 참여시키기 전에, 건물의 용도를 자세히 설명하며 설계 프로젝트에 참여할 의사가 있는지 데카에 타진했다. 시설팀에서는 아무리 뜻이 좋다고 해도 외국에 있는 건축 사무소에 설계 용역 입찰을 허용하기는 어렵다고 말했다. 구청 건축과에 신축 허가 서류를 신청할 때, 국내 건축 설계 사무소의 협조가 필요해 추가 비용이 들기 때문이었다. 시설팀과 힘든 협의 과정을 통해 일단 설계 용역 입찰에 참여할 기회가 생겼고, 결국에는 설계를 맡길 수 있었다.

한빛교회가 기증한 5억 원을 포함한 35억 원의 예산으로 국제 규격의 환경친화적 건물을 신축할 기회를 놓친 것은 아쉽지만, 지금도 많은 구성원의 사랑을 받는 건물을 금성백조의 정성욱 회장이 잘 지어주어서 늘 감사하고 있다.

국제교류센터 건물은 기존 건축물과는 달리, 남측에 복도를 배치해 건물의 채광을 높이고 복도를 이용하는 사용자에게 쾌적함을 준다. 서측 학생회관과 외관이 어울리도록 콘크리트 노출 벽면과 일부 벽면에 구리판을 덧붙여 마감하도록 건물이 설계되었다.

건물들로 둘러싸여 생긴 가운데 공간에서는 소규모의 야외 행사나 모임을 할 수 있다. 2009년에 한국정보통신대학교(Information and Communication University, ICU)와의 통합으로, 외국인 동아리 KAIST One의 국제음식페스티벌이 2010년 가을에 이곳에서 성공리에 개최되었다. 이 행사를 인근 연구소나 주민에게도 공개한 덕분에 고립된 섬의 이미지를 벗는 데 조금이나마 도움이 될 수 있었다.

건물 뒤쪽에는 오래된 플라타너스가 한 그루 있다. 나무를 옮기지 않고 건물을 지을 수 있도록 설계해주길 요구했기 때문에, 나무는 오늘도 자리를 지키고 있다. 건물 후문 밖으로 데크를 설치해 봄과 가을에 신선한 자연을 만끽할 수 있어서, 자연친화적인 요소를 더했다.

늘어나는 캠퍼스 부부와 교직원의 복지를 위해, 2010년 7월에 준공된 국제교류센터 내에 어린이집과 놀이터를 설치했다. 어린이집 설립 당시에는 외국인 교직원 자녀에게 사용 우선권을 주었는데, 지금은 자리다툼 경쟁이 치열하다고 한다. 또한 이슬람권 학생들이 기도 공간을 마련해달라는 요구가 이어져서, 부족하지만 센터 내에 명상실을 공용으로 배치하고 종교와 무관하게 사용할 수 있도록 조처

했다.

외국인 학생을 위한 한국어 강좌가 어학센터의 도움으로 2층에 개설되었다. 1층 로비에는 가스 벽난로를 중앙에 위치시키고 홀에는 소파를 마련해, 옆에 설치된 서고에서 자연스럽게 책을 꺼내 읽을 수 있도록 배치했다.

우여곡절 끝에 1층 한쪽에 프랜차이즈 카페를 열었고, 이 카페는 서측에 있는 학과나 과기연 직원들에게 많은 사랑을 받고 있다고 한다. 주말에는 원내 교수 아파트에 거주하는 가족이나 교인의 발걸음이 끊이지 않는다. 국제교류센터에서 카페가 영업을 개시한 이후로, 캠퍼스 내에 신축 건물이 생길 때마다 카페나 음식점 등이 개

2010년 7월 9일 준공된 국제교류센터 내 로비. 한국과학기술원 사진 제공

점하면서 캠퍼스가 조금씩 변해가는 모습을 지켜볼 수 있었다.

　대덕연구단지의 쾌적한 환경을 더욱 친숙하고 효율적인 공간으로 만드는 것은 우리의 책임이다. 조그맣게 시작된 카페가 KAIST를 외딴 섬으로 고립되지 않도록 바꾸었듯이, 구성원의 노력으로 더 큰 변화가 일어나길 기대해본다.

새로운 규칙으로 개선시킨
연구원 주차 환경

━━━━━ 기계연 대전 본원은 부지가 넓고 산책할 수 있는 자그마한 동산이 있어 쾌적하다. 아름다운 조경 덕분에 영산홍과 벚꽃이 만발하는 봄철이나 단풍이 드는 가을에는 눈이 황홀할 정도다.

2014년 3월 초에 있었던 화재 사고 이후, 연구소를 혼자 둘러보는 습관이 생겼다. 제일 눈에 띄는 부분이 소방도로 문제였다. 기숙사 앞에는 주차장이 있지만, 기숙사 정문 앞에 바로 붙여서 주차하는 차들이 항상 있었다. 만일의 경우에는 소방차의 접근에 방해가 되었다. 이는 기숙사 앞에서만 벌어지는 풍경은 아니었다.

기계연의 자기부상열차 체험은 초등학생들에게 인기가 많았기 때

❚ 기계연 자기부상열차를 시승하면서 즐거워하는 초등학생들. 한국기계연구원 사진 제공

문에, 기관을 방문하는 학생들의 관광버스가 주차하는 경우에 문제가 더욱 심각했다. 대부분 본관 앞에 임시 주차를 하곤 했는데, 버스가 주차할 영역을 구체적으로 표시해주지 않아 운전자 마음대로 주차하곤 했다.

중국에서는 주차장을 건물로부터 일부러 멀리 떨어뜨려놓아 셔틀버스를 운행하면서 추가 요금을 받기도 한다며 우리도 같은 방법을 도입해 관광 수입을 올려야 한다고 주장하는 강연을 들은 적도 있는데, 일본 여행을 가서 주차 예절과 관련해 많은 것을 느꼈다. 특히 인상적인 점은 주차장이 한적한 곳에 마련되어 있다는 것이다. 일본 학생들은 주차된 장소가 목적지에서 멀리 떨어져 있어도 아무 불평 없이 질서 정연하게 인솔자를 따라다닌다. 어려서부터 단체 예절을 체득하기 때문이다. 우리의 문화는 그렇지 않다. KAIST도 학생들의 편의를 위해 홍보관에 가까운 쪽 주도로에 관광버스의 주차를 허용하고 있다. 교육적으로나 안전상으로 다시 생각해볼 문제다.

화재 사고를 경험했던지라 안전이 모든 것의 최우선이 되어야 한다고 느꼈다. 확대 간부 회의에서 주차 문제를 제기하고, 시설팀에 주차장 상황을 점검해보자는 의견을 전달했다. 첨단생산장비연구동의 완공과 환경플랜트동의 착공을 앞둔 터라, 신규 주차장 확보 문제는 더욱 중요했다.

시설안전재무실장이 확인하고, 주차 공간이 부족하지는 않으나 일부 차량의 무질서한 주차 문화는 바로잡는 것이 바람직하다는 의견을 주었다. 이를 바로잡는 방안의 하나로 주차가 가능한 곳을 명확히 표시해두고, 구성원들이 정해진 주차 공간에만 주차하도록 캠페인을 벌이기로 했다.

이런 얘기가 오가자, 검수팀에서는 주차 공간을 더 만들어달라고 건의했다. 담당 실장은 검수팀의 업무를 고려할 때 검수팀 출입문 근처에 주차장을 더 마련해줄 필요가 있다고 했다. 이를 위해 근처 화단을 없애고 추가 공간을 확보하는 방안을 시설팀이 제시했다. 그러나 이미 조성된 화단을 훼손하는 것보다는 다른 방안이 없을지 고민했다.

제시된 안을 자세히 검토하고 현장을 확인한 결과, 화단을 없애기보다는 이미 설치되어 있던 자전거 주차장을 다른 곳으로 이전하고 주변을 정리하면 주차 공간을 마련할 수 있다고 느꼈다. 비용 면에서도 훨씬 절약되기 때문에, 아주 경제적이고 환경친화적이었다. 담

▌한국기계연구원 원내 주차 질서 확립. 한국기계연구원 사진 제공

당 실장도 흔쾌히 받아들여 문제가 해결되었다.

건물 주변의 소방도로 확보를 고려해서 소방차 전용 주차공간을 만들어 항시 비워두도록 하고, 건물 주변의 임시 주차 가능 구역을 명확히 구분해주었다. 확대 간부 회의에서 시설팀이 주차 관련 시안을 발표하고, 앞으로는 주차가 가능한 곳에만 주차하는 주차 환경 정화 캠페인을 시행했다. 그 덕분에 주차 질서가 점차 개선되었다. 정문을 통과할 때 주 도로변에 무질서하게 주차된 모습보다는 질서 정연한 모습에서 연구소의 새로운 분위기를 느낄 수 있었다.

8장

우수 인력 확보를 위한 연구원 생활의 안정화

연구 환경 변화의 시작

━━━━ 2009년 12월 기계연 입구 오른쪽에 나노융합기계연구동이 완공됐으나, 2014년에도 일부 비탈면은 들쑥날쑥 맨땅을 드러내 기존에 정비된 건너편 화단과 대조를 이루었다. 2014년 2월 말부터 기계연 원장으로 일하게 되었으나 비용 절감 차원에서 자가용으로 출·퇴근하면서, 이를 바로잡으면 좋겠다고 생각했다. 기획예산팀에 조경 예산을 확인한 후, 2015년 식목일에 비탈면에 영산홍을 심자고 건의하고 이를 집행하기로 담당 부서와 합의했다.

토요일 아침, 현장에 나와 영산홍 몇 그루를 직접 심기도 했다. 당일 현장에는 담당자의 모습은 보이지 않았다. 작업 진행 상황을 직접 확인을 하면, 작업의 완성도가 훨씬 올라갈 수 있을 듯했다. 나무를 심거나 밭일을 하는 것을 항상 즐거워했으므로 내년 봄에 예쁘게 필 영산홍을 기대하면서 집으로 돌아왔다.

기계연에는 기숙사가 있는데, 방문 연구원이나 주거 시설이 임시로 필요한 연구원에게 숙소로 제공하고 있다. 한번은 산책 도중에 기숙사를 방문하여 주방과 관리 점검 장부를 들춰보았다. 숙소를 사용하면서 수리가 필요한 경우 장부에 이를 적어놓아야 했다. 그런데 장부에는 수리를 요구하는 내용만 기재되어 있었지, 언제 처리가 완료되었는지는 쓰여 있지 않았다. 책임 소재를 명확히 하여 업무의 완성도를 높이기 위해서는 처리된 날짜와 담당자 이름도 기재하도록 시스템 보완이 필요했다.

연구원에 근무하는 외국인들 중 일부는 기숙사를 사용하고 있었다. 외국인들도 사용하는 주방에 안내문이 모두 한글로만 되어 있었고, 가스레인지가 하나밖에 없어서 불편할 듯싶었다. 담당 부서에 가용 예산을 확인한 후 추가로 가스레인지와 설거지대를 설치하고, 비상식량을 파는 자판기를 설치하게 했다. 안내판에는 영문도 같이 쓰도록 했다. 사소하지만 연구 환경을 개선해나가는 작업을 하나씩 실천에 옮기기 시작했다.

2015년 3월, 외국인 학생 연구원들과 점심을 같이했다. 일부 학생 연구원들이 주변 생활환경과 행정 서비스가 많이 좋아졌다고 했다. 구성원들에게도 조금씩 변화가 시작된 것이다.

기획예산실장은 주말농장에 관심이 많아서, 주말에 자그마한 뒷산 중턱에 조성된 텃밭에서 열심히 농사를 짓는 모습이 낯설지 않았다. 텃밭 가꾸기에 빠져서 직접 재배한 배추와 무로 김장을 한 적

| 2015년 3월 6일, 외국인 연구원들과 오찬을 겸한 간담회 현장에서. 한국기계연구원 사진 제공

도 있었기 때문이다.

2016년 말 점심에 뒷산으로 경영부원장과 같이 산책하러 갔다가, 산책로 초입에 새롭게 쌓여 있는 석축을 발견했다. 초록색 울타리와 더불어 컨테이너까지 놓여 있었다. 경영부원장에게 공사 진행 상황을 보고받았는지 확인하자, 금시초문이라고 답했다. 알고 보니, 연말이 되자 그동안 아꼈던 쌈짓돈을 연구원의 복지 향상이라는 대의명분을 내세워 집행한 것이었다. 기획예산실장은 경상비 절약을 위해 허리띠를 졸라매는 연구원의 입장을 누구보다도 잘 이해할 수 있는 위치였다. 며칠 고민한 끝에 서류를 결재하고, 경영부원장을 통해 컨테이너는 돌려주었다. 자연은 훼손하기는 쉽지만, 회복하는 데는 훨씬 많은 노력이 들어간다는 것은 너무나도 자명하다.

자칫 우리는 자연이 주는 선물을 너무나도 당연하게 느끼고 살아가는지도 모른다.

기계연과 선박해양플랜트연구소는 한때 같은 기관이었으므로 출입문을 같이 쓴다. 기계연은 주로 서측 정문을, 선박해양플랜트연구소는 동측 후문을 활용했다. 그러나 출입 통제 시스템이 달라서 이용에 번거로움을 느끼는 연구원들이 있었다. 출연연 간 교류 활성화는 잊을 만하면 등장하는 이슈로, 한 울타리 안에 있는 두 기관 사이에서도 교류가 원활히 이뤄지지 못하고 있었다.

선박해양플랜트연구소에는 자동차 번호판 자동 인식 기능이 부착된 차단기가 장착되어 있어 연구원들의 자동 출입이 가능했지만, 기계연에서는 이를 수동으로 통제하고 있었기 때문에 생기는 문제였다. 새로운 시스템으로 전환하는 데 많은 난관이 있었으나, 2017년 기계연이 자동차 번호판 자동 인식 시스템을 도입하면서 현재는 자동 출입이 가능하다. 이 기회에 기계연 북측 문도 자동 인식 시스템을 도입하여 개방되길 바란다.

연구 현장을 편안하고 안전하게 만드는 것은 우리 자신을 위한 일이며, 스스로 사소한 것부터 챙겨야 한다. 환경이 쾌적할수록 연구이건 학업이건 본연의 임무가 잘 이루어질 가능성이 높다. 사소한 일을 잘 챙겨야 큰일도 잘할 수 있는 법이다.

우수 인력이 안심하고
일할 수 있는 연구소

━━━━ 우연히 KAIST 서측 학생회관 2층에 있는 어린이 놀이터를 보고, 2010년에 국제교류센터 1층에 어린이집을 설치했다. KAIST 어린이집은 자녀를 둔 교직원과 학생들에게 인기가 매우 높아 확장하기도 했다. 우수한 연구원을 확보하기 위해서는 주변 환경이 중요한 역할을 한다. 학군이 좋은 곳의 아파트값이 비싼 것도 주변 환경 때문이다.

2014년 기계연에서 유치원 설립에 대한 의견을 수렴한 적이 있다. 당시 "연구원의 평균 연령이 높아 유치원에 대한 소요가 별로 크지 않다"라는 의견이 지배적이었다. 공교롭게도 한국연구재단에서 유치원을 공동으로 설치하는 것에 대해 기관의 의향을 물은 적이 있었다. 장래를 위해 공동으로 설립하면 경제적 부담이 줄어들 수 있어 바람직하다고 판단했다. 아쉽게도 확대 간부 회의에서 논의한 결과, 예산 확보의 타당성과 효율성을 확보하지 못했다. 신규 임직원 충원이 어려워 필요성을 크게 느끼지 못하기 때문이었다.

기계 분야는 제조업에서는 핵심적인 분야이며, 원자력발전소에도 기계 분야 전공자가 많이 활동하고 있다. 기계연이라면 규모가 꽤 큰 연구소로 알려져 있지만, 현실은 그렇지 않다. KIST에서 분리 독립하여 새로운 연구소가 생기듯, 기계연은 항우연, 한국생산기술연구원 등으로 분화되어 한국에너지연구원보다도 임직원 숫자가 적고 고령화된 연구소였다.

새로운 연구 분야를 개척하기 위해서는 인력의 충원이 가장 시급한 문제이기도 했다. 임기 내에 355명에서 400명으로 늘리기로 목표를 도전적으로 설정했다. 기관을 방문하는 많은 분들에게 이를 적극적으로 알리고 연구원을 홍보한 결과, 2017년 초에 408명을 달성할 수 있었다.

신규 직원을 확보하면서 연구원의 평균 연령도 조금은 낮아져, 2017년 예산안을 정할 때 유치원 설립 비용을 정부에 요청해 확보했다. 유치원 건설을 위해 대지를 찾았다. 한국수력중앙연구원과 공동으로 설립한 원자력밸브시험센터 빌딩 뒤쪽에 민가가 두세 채 있었다. 주변에 자그마한 공원이 조성되어 있고 진·출입 도로도 있어서, 이 대지를 확보하여 유치원 용지로 활용하면 금상첨화일 듯싶었다. 그래서 담당자에게 대지 매입 검토를 부탁했다. 그러나 예산 부족으로 곤란할 것 같다고 했다. 결국 대지를 매입하지 못해 아쉬웠다.

토지는 한번 훼손하면 원상으로 되돌리기가 쉽지 않아 되도록 원형을 남겨놓는 방안이 바람직하지만, 어린이집은 현재 기숙사 앞 잔디밭에 2019년 9월에 완공되었다. 연구원의 평균 연령이 더욱 낮아져, 새롭게 완공된 유치원도 KAIST 어린이집과 같이 구성원들에게 인기가 많아지길 기대해본다. 아울러 핵가족 시대에 심화되고 있는 육아 문제를 생각해서, 이를 극복할 수 있는 좋은 방안을 마련할 수 있길 바란다.

연구 환경 개선은 끝이 없는 일이다. 효율적인 시스템 관리를 위해서는 우리 모두 마음을 열어야 한다. 아무리 위에서 올바르게 기관을 운영하려 해도 중간 관리자가 이를 무시하면 변화는 일어나지

| 2019년 9월 23일 개원한 한국기계연구원 어린이집. 한국기계연구원 사진 제공

않는다. 말로만 개혁을 외치지 말고 본인이 할 수 있는 범위 내에서 책임과 주인의식을 갖고 자그만 변화를 실행에 옮기는 태도가 중요하다. 말로만 외치는 개혁은 개혁이 아니지 않나!

연구원들과의 화합과 상생

■■■■ 2015년 3월에는 특별한 행사가 있었다. 매년 기계연에서는 우수 연구 활동을 한 연구자들에게 우수연구상을 시상하고, 이들의 업적을 기리기 위해 사진 액자를 마련한다. 그런데 만들어진 액자를 1층 세미나실 한편 구석에 세워놓고 있어, 수상자들의 업적을 고마워하는 것 같지 않았다. 수상자들의 연구 업적을 널리 알리고 자긍심을 공유하기 위해, 사진을 국제회의장 벽면으로 옮겼다. 특히 이날에는 초대 최우수연구상을 수상한 선박해양연구소 소장을 지낸 홍석원 박사도 참석해서 특별히 자리를 빛냈다.

연구원은 연구에만 치중하다 보니 가정의 중요성을 잊고 지내기 마련이다. 2014년 연말 가족 송년의 밤 행사를 한 후, 가족에게 더욱 감사해야겠다는 생각이 들었다. 그래서 2015년 가정의 달을 맞이하여 사생대회를 핑계로 가족들을 초청하는 행사를 준비했다. 사생대회의 심사위원장은 이지호 이응노미술관장에게 부탁하여 심사의 수준을 높였다. 어려운 부탁을 성심껏 들어준 이지호 관장에게 다시금 감사할 뿐이다.

연례행사인 전직원 산행, 원장배 축구대회, 정년 퇴임 행사 등과 같은 대내외 행사에도 적극적으로 참여해 구성원들의 참여 의식과 협동심을 높이려 노력했다. 연구원의 체력 단련과 친선 도모를 위해 족구장을 야간에도 사용할 수 있도록 신설했다. 독거 노인에게 추석 선물 전달, 연탄 배달 및 대덕 복지 만두레 김장 봉사, 사랑의 장학금 수여와 같은 이웃 사랑 운동에도 적극적으로 참여했다.

2015년 11월 24일에는 국장으로 치러진 김영삼 대통령의 임시 분향소를 찾아 주요 간부들과 같이 헌화했다. 봉사 및 사회 활동은 구성원들에게 상호 이해에 바탕을 둔 배려심과 새로운 시민 참여 정신의 중요성을 느끼도록 한다.

연구소에는 당연히 연구원들의 수가 행정 직원들보다 많다. 그러나 연구 계획서도 최종적으로 연구운영실의 결재가 나야 제출되듯, 실제로 돌아가는 일은 대부분 행정 직원의 손을 거쳐야만 진행된다. 연구원과 행정원 사이에 보이지 않는 갈등이 있는 것은 그 때문이다. 건전한 관계를 맺어 기관의 발전을 이루기 위해서는 소통이 중요하지만, 원활하게 소통하기는 쉽지 않다. 행정 조직이 연구원의 활동을 적극적으로 이해하고 도와주는 방향으로 개선하는 것이 바람직하다.

▌2016년 5월 21일, 가정의 달 행사. 한국기계연구원 사진 제공

▌2016년에 개장한 족구장에서 체력 단련을 하는 연구원들. 한국기계연구원 사진 제공

많지 않은 행정 인력으로 매년 늘어나기만 하는 일을 감당하기는 쉽지 않다. 행정 직원의 증원은 하늘의 별 따기만큼 어려운 현실에서, 이를 해결하기 위해서는 전산화 말고는 뾰족한 답이 없었다. 행정 전산 시스템을 구축한 이후에는 유지 보완이 더 힘든 작업이므로, 이를 안정적으로 빨리 구축하기가 어렵다.

전산화 작업을 적극적으로 추진하기 위해 전산팀을 확대, 독립시키고, 전산팀장을 정보자산운영실장으로 임명했다. 전산 시스템 개발은 행정 편의적인 요소를 최대한 줄이고 연구원들과 충분히 의견을 교환하여 사용자 편의성을 최대한 확보하도록 주의를 기울였다. 오히려 사용자들의 불만이 많을수록 행정 전산 시스템의 안정화는 빠르게 진행된다.

정보자산운영실의 노력으로 행정 시스템의 개선이 점차 효과를 보이고 연구원 운영 시스템의 투명성과 효율성도 아울러 향상되었다. 현 시스템에 만족하기보다는, 구성원들의 편의성과 투명성 향상을 위해 연구원과 행정원 모두에게 도움이 되는 윈윈 시스템을 개발하기 위해 지속적인 노력이 이루어지길 바란다.

스포츠의 매력은 개인이나 팀으로 열심히 경쟁하다가도 심판의 판정이 나면 깨끗하게 인정하는 스포츠맨십이다. 기관을 운영하면서 스포츠 정신을 구성원들이 받아들이면 좋을 것 같다고 생각했다. 서로의 입장을 존중해줄 수 있을 때 진정한 승리자가 될 수 있는 것 아닐까? 인기 선수가 더욱 돋보이는 것은 팀원들과의 협조가 있어야만 가능하다.

연구와 행정도 마찬가지다. 서로 상대방 입장에서 문제를 섬세하게 생각하고 토론을 통해 합의를 이루려는 노력이 있어야 진정한 도움과 배려가 가능하다.

우수 인재 영입을 위해
교육, 연구, 주거의 변화가 필요하다

■■■■ 1923년 철강산업인이었던 고든 바텔(Gordon Battelle)의 유언에 의해 1929년에 미국 오하이오 주 컬럼버스에 설립된 바텔연구소(Battelle Memorial Institute)는 필자에게는 아주 친숙한 곳이다. 바텔연구소 길 건너편에는 오하이오주립대가 있는데, 버클리대학에서 1년간 박사후연구원 과정을 마치고 1986년 8월 처음으로 조교수 생활을 시작한 곳이 오하이오주립대였기 때문이다.

리 세미아틴(Lee Semiatin) 박사와 금속 성형 시 열 전달 연구를 공동으로 수행하기 위해, 석사 지도 학생인 폴 버트(Paul Burte)가 바텔연구소에 가서 실험을 하기도 했다. 이곳의 타일란 알탄 박사는 1985년 미국 국립연구재단(National Science Foundation, NSF)에서 공모한 준정형 가공 NSF 공학연구센터를 유치한 것을 계기로 바텔연구소에서 오하이오주립대 교수 및 ERC 센터장으로 자리를 옮겼다. 다행히도 필자의 전공이 센터의 연구 내용과 잘 맞아, 오하이오주립대와 센터에서 일할 수 있는 기회가 생겼다.

알탄 박사는 필자의 박사 과정 지도교수인 시로 고바야시 교수 다음으로 많은 가르침을 주었다. 인터뷰를 갔을 때 폭스바겐 골프를 직접 몰고 콜럼버스 공항에 나와서 사흘 동안 자세하고 친절하게 안내해주었던 기억이 지금도 생생하다. 알탄 박사는 기계공학 학사를 1962년 독일의 하노버대학에서 마쳤던 만큼, 연구에 관한 한 매우 실용적이었다. 학사를 마친 후 석박사과정을 버클리대학 대학원에서 마쳤다.

오하이오주립대에서의 경험을 통해 슈투트가르트대학의 쿠르트 랑게(Kurt Lange) 교수와 요코하마대학의 히데유키 구도(Hideyuki Kudo) 교수 등을 만나게 되었다. ERC 연구센터에는 칭화대 방문 교수, 독일, 일본, 이스라엘에서 온 연구원 학생 등 많은 외국인이 있어서 국제 협력의 필요성을 피부로 느꼈다.

프랑스 소피아 앙티폴리스(Sophia Antipolis)에서 열린 금속 성형 가공 해석에 관한 유로메크(EuroMech) 233 콜로키엄에 참석해서 유럽에서 이루어지는 연구 활동을 직접 들을 기회가 있었다. 그동안 버클리대와 오하이오주립대에서만 배운 필자의 견해가 얼마나 좁은 것인지 단편적으로나마 느끼게 되었다. 특히 세계연구중심대학총장회의를 통해 많은 외국 총장들의 주옥같은 경험담을 들으며, 제한된 자원 및 환경을 극복하기 위해 국제화가 더욱 중요하다는

1987년 필자의 버클리대학 박사 과정 지도교수인 시로 고바야시 교수(사진 왼쪽)와 오하이오주립대 타일란 알탄 교수(사진 오른쪽).

1987년 오하이오주립대 미 국립과학재단 준정형 가공 연구 센터 발표를 마치고 동료들과 함께. 사진 왼쪽으로부터 필자, 게리 몰(Gary Maul), 돈 루카(Don Lucca), 론 루이스(Ron Lewis) 교수.

사실을 다시금 깨달았다. 해외에 나가서 얻는 경험도 중요하지만, 국제화를 통해 필요한 우수한 인재들을 국내에 영입해 연구 활동에 활용해야 한다. 이를 위해서는 교육, 연구, 및 주거 환경이 잘 갖추어져 있어야 우수한 인재를 영입할 수 있는 것이다.

한국 정부도 1999년부터 BK21 프로젝트를 통해 해외 인재 영입을 시도하고 있다. 그러나 일시적으로 우수한 인재를 영입할 수는 있지만, 외국인들이 우리의 시스템에 적응하여 동화되는지는 아직은 미지수다. 지속 가능한 면에서 우리의 국제화 전략을 다시금 생각해야 될 때다. 외국인의 입장에서 하나씩 차근차근 해결해가야 한다. 긴 안목을 가지고 대책을 세우지 않으면 또다시 단기 처방에 얽매여 일시적인 결과만 얻게 될 것이다.

연구자의 자긍심과 사회의 아량

━━━━ 1936년, 전함 및 장갑차 등 중화기국방연구재단(Armour Research Foundation)으로 탄생한 미국 일리노이공과대학 연구센터(IITRI)는 비영리 연구 단체다. 2002년 워싱턴에 있는 JJMA(John J McMullen Associates)와 합병한 후 앨리언(Alion Science & Technology)으로 나뉘어, 지금은 제약 연구에만 전념하고 있다. JJMA는 1970년대 현대중공업이 울산함프로젝트를 시작할 때 연구 제안서를 작성한 숨은 공로자다.

JJMA 구성원은 1997년에 주당 7달러에 주식을 전부 인수했고, 2002년 IITRI와 합병해 앨리언을 출범시키면서 주식 가치는 70달러로 올라 많은 연구원이 연구 개발 투자 혜택을 톡톡히 누렸다.

우리나라도 창업보육센터 설립으로 기술 이전에 많은 공을 들이고 있다. 2013년에는 과학기술 지주회사를 설립해 출연연이 가지고 있는 기술 상용화를 위해 노력하고 있다. 그러나 그 성과는 오랜 기간 공을 들이고 꾸준히 연구 개발에 투자해야 얻을 수 있다. 미국의 과학기술 개발에 대한 노력과 혁신은 세계대전을 거치며 얻은 결과이기도 하다.

우리나라가 과학기술에 투자하는 상황을 살펴보면, 1960년 후반에 세워진 KIST를 시작으로 2015년에 25개 출연연이 연간 4조 5,000억 원, 평균 1,800억 원의 예산을 쓰고 있다. 이는 IITRI 예산 규모보다 적고, 앨리언과는 비교도 되지 않는다. 2015년 보도된 서울 공대의 1년 연구비 총액인 1,659억 원과 비교해볼 때 많다고 할 수 없다. 그런데도 예산철이 되면 일각에서는 많은 세금을 출연연이 헛되이 쓰고 있다고 지적하기 일쑤다.

최근 임금피크제 도입은 국가적으로는 필요한 일이었지만, 과학기술 관련자의 사기를 저하시키기도 했다. 우리에게 필요한 것은 과학기술자가 꾸준히 연구 개발에 몰두할 자율적인 환경을 조성하는 것이다.

서호주대학교 베리 마셜(Barry J. Marshall) 교수는 1984년 헬리코박터 파일로리균을 스스로 마신 뒤 위궤양이 생기는 것과 위궤양이 항생제로 치유된다는 것을 프리맨틀 병원에서 입증해 2005년 노벨 생리의학상을 수상했다. 마셜 교수는 세균이 위염과 위궤양에 영향을 준다는 가설을 주장한 논문을 유수한 논문집에 투고했다가 거절당했던 편지를 강연에서 언급하곤 한다. 주변의 평가보다는 연구자 개인이 가진 자긍심의 중요성을 보여주는 본보기다.

우리 과학기술계도 자긍심을 스스로 되찾고 꾸준한 노력으로 보람찬 열매가 맺어질 수 있다는 것을 국민에게 확신시킬 수 있도록 해야 한다. 정부는 무한한 신뢰를 과학기술계에 보내며 믿고 기다려줄 필요가 있다.

경제 혁신의 핵심은 과학기술의 발전으로만 가능하다. 아직은 과학기술 개발을 향한 우리의 시각이 설익지는 않았을까? 연구비만 지원할 게 아니라 연구자가 자긍심을 잃지 않도록 사회적으로 인정해줄 수 있는 너그러운 지혜와 아량이 필요하다. 경제 발전과 더불어 사회구조가 빠르게 변하고 있는 현실을 직시할 때 과학기술자에 대한 배려와 믿음은 더욱 중요하다.

인생을 행복하게
잘 영위해나가는 방법

■■■■■ 2014년은 우리나라 무역 교역량이 세계 10위에 오른 해다. 많은 사람들은 이를 '한강의 기적'이라고 한다. 국제 협력을 통해 한국을 접한 외국인들은 어떻게 한국이 전쟁의 폐허를 딛고 지난 반세기 동안 눈부신 성과를 달성했는지 궁금해했다. 필자는 "1962년 제1차 국가경제5개년계획을 필두로 중공업 위주로 산업화의 초석을 마련한 선각자들의 현명한 판단과 가난에서 벗어나 좀 더 잘살아보겠다는 국민의 의지가 성공 신화를 이루어냈다"라고 답하곤 했다.

1965년에 설립한 포스코야말로 한국의 산업화를 뒷받침해준 매우 의미 있는 정책 결정이라고 생각한다. 자동차나 선박을 만드는 데 필요한 철강 재료를 값싸고 안정적으로 공급할 수 있는 기반을 만들었기 때문이다. 미국의 린든 존슨(Linden B. Johnson) 대통령의 도움으로 받은 차관 자금을 1966년 서울 홍릉에 있는 KIST 설립에 투자한 것도 뜻깊은 결정이었다.

오늘날 우리가 누리는 경제 혜택은 국민의 교육열, 민주화와 더불어 이룬 사회적 통합, 과학기술 연구 개발의 결과물이라는 것은 잘 알려진 사실이다. 정부는 기계 산업 부흥을 위해 1974년 4월 기계 산업단지를 창원에 설립했고, 산업체에서 필요한 관련 연구를 진흥하기 위해 1976년 창원산업단지 내에 한국기계금속시험연구소(한국기계연구원 전신)를 설립했다.

기계연은 1973년의 대덕연구단지 조성 계획에 따라 1992년에 본원을 대덕으로 옮겼다. 재료 부문은 기계연의 부설 연구 기관으로 창원에 남아 창원 부지를 사용하게 되었다. 2014년 현재 대덕연구단지에는 KAIST, 충남대학, 대덕대학이 있으며, 22개의 국가 출연연이 자리 잡고 있어 전체 연구 인력은 2만여 명에 이른다.

정부의 산업화 정책에 힘입어 경제는 많은 발전을 이루었다. 그러나 최근 벌어진 미국과 중국의 무역 전쟁과 일본과 한국이 서로를 화이트 리스트에서 배제한 현 상황을 극복하기 위해서는, 각 나라가 가지고 있는 사회·경제·문화적인 요인에 의한 복합적인 상황을 고려해야 한다. 지금부터는 명분과 실리를 동시에 챙길 수 있는 전략을 적극적으로 마련해야 한다. 지피지기 백전백승(知彼知己 百戰百勝) 아닌가!

1967년 4월과 1973년 10월에 일어난 3, 4차 중동전쟁에서 이스라엘은 이집트, 시리아, 요르단을 상대로 전쟁을 수행했다. 상대적으로 우위를 점했던 이집트를 중심으로 한 동맹군은 미국과 유럽의 지원과 제공권에 기반을 둔 이스라엘의 용의주도한 작전으로 짧은 기간에 초토화됐으며, 국제연합의 중재로 휴전에 이르렀다. 두 전쟁은 냉혹한 국제 정치 현실에서 살아남으려면 힘을 길러야 한다는 것을 명확히 알려준다.

우리는 신생아 출산율을 개선하기 위해 지난 10년간 100조 원을 투자하고도 OECD 국가 중 최저인 상황을 개선하지 못하고 있다는 것을 잊지 말아야 한다. 2015년 OECD가 발표한 국제학업성취도 평가 중 학생 웰빙보고서는 더욱 충격적이다. 15세 국내 학생들의 삶의 만족도가 10점 만점에 6.36점으로 48개국 중 47위다. 좋은 대학의 졸업장이 직장을 구하는 지름길이고, 직장을 구하지 못하면 결혼도 하지 못하는 현실을 근본적으로 바꿀 필요가 있는 것이다.

각 분야에서 문제의 본질을 좀 더 잘 들여다보고 허울보다는 명분과 실리를 동시에 추구할 수 있는 근본적인 대책이 시급하다. 사소해 보이는 것부터 다시 생각해볼 필요가 있는 것이다. 또한 원칙을 지키면 최소한 손해는 보지 않는 사회를 만들기 위해서는 디테일을 챙겨야 한다. 이를 통해 교육과 연구 시스템을 선진화하고, 선택과 집중을 통한 과학기술 개발에 매진하여 국제적으로 인정받는 과학기술 강국이 되는 것만이 인생을 행복하게 영위해나갈 수 있는 길이 아닐까?

9장

연구를 위한 물적·인적 안전 확보

건물의 뼈대부터 시작되는 안전관리

■■■■ 2014년 3월 8일 토요일 아침, 반갑지 않은 전화벨이 울렸다. 기계연 내 환경기계연구동의 한 실험실에서 불이 났지만, 북부 소방서에서 소방차가 출동해 진화 작업이 성공적으로 이루어졌다는 내용이었다. 사람이 다치지 않아 다행이었다. 연락을 받고 곧바로 화재 현장으로 향했다. 현장에는 소방차와 관계자 여러 명이 진화 작업을 마무리하고 있었다. 건물 입구에는 이미 경찰통제선이 설치되어 있어 출입이 통제되었다.

화재 원인이 궁금했다. 학생 연구원이 밤새워 실험을 진행했는데, 잠시 자리를 비운 사이에 실험실에서 불이 났다는 것이었다. 자세한 원인은 정밀 조사를 거쳐야 알 수 있었다. 다행히 초기 대응이 잘되어 피해 규모는 크지 않았다고 전해 들었다.

피해 상황을 직접 확인하기 위해 소방관에게 허락을 구하고, 급한 마음에 마스크도 없이 현장으로 올라갔다. 피해 현장은 전해 들은 것보다 훨씬 우울했다. 천만다행인 점은 바로 위층에 있는 수소 관련 연구실로 화재가 번지지 않은 것이었다. 진화 작업으로 소방용수가 주변 실험실까지 적셨고, 한참 문제가 되는 초미세먼지로 인해 건물 내 일부 실험실은 당분간 사용이 불가능한 상황이었다.

대처 방안을 논의하기 위해 주요 간부를 찾았으나 보이지 않았다. 경황이 없어 연락도 취하지 못했고, 토요일이라 다른 약속이 있어서 오기 어렵다는 것이었다. 토요일 아침 이른 시간이라지만 안전관리 체계가 너무 허술했다.

사무실에 복귀한 후 컴퓨터로 기사를 검색해보니, 현장 사진이 YTN 인터넷판에 올라 있었다. 연락을 받고 늦게 도착한 홍보실장과 얘기를 주고받는 동안, 미래부에서 현장 파악을 위해 관계자가 방문할 예정이라는 보고가 전해졌다. 미래부 관계자가 오후 늦게 도착해서 현장을 먼저 확인했다. 원장실에 도착하자마자 미래부 관계자는 장관에게 상황을 보고했고, 장관은 안전에 특별히 신경을 써야 하며 사고가 있을 시에는 조금도 숨기지 않고 즉시 보고해야 한다고 당부했다.

KAIST에서도 가끔 안전사고가 있었는데, 관련 교수가 일을 처리하면서 매우 어려워했던 기억이 났다. 사고가 난 후 실험하지 않는 이론 연구로 방향을 바꾸었다는 말을 들은 적도 있었다. 그래서 사고 당사자나 주변 연구원들이 화재로 인해 입을 피해를 최소화할 방안을 생각했다. 결국은 안전관리 시스템을 개선해야 했다.

화재 사고를 계기로, 실험실 안전을 책임지도록 연구 현장의 안전 취약성을 잘 알고 있는 경력 20년 이상의 전문 인력 15인으로 꾸린 안전관리 자문단을 각 건물에 배치하는 제도를 박희창 기술사업화 실장의 건의로 도입했다. 동시에 24시간 가동되는 비상 안전망 번호 7119를 신설했다.

학생 연구원들에게도 안전 교육을 실시하기는 하지만, 안전에 대해서는 연구원보다 상대적으로 소홀하기가 쉬운 것이 현실이었다. 실험을 진행하기 위해서는 반드시 실험 과정을 잘 알고 있는 연구원이나 책임자가 참여해서 실험이 진행되도록 모든 구성원에게 알렸다.

연구 공백이 일어나지 않도록 임시 연구 실험실을 본관 1층에 있는 공동 세미나실에 마련하기로 간부 회의에서 의견을 모았다. 그리고 미래부에 사고 경위 보고서를 제출했다.

간부회의 이후 한 번 더 사고 현장을 둘러보았다. 사고 당일에는 막상 확인하지 못했던 건물의 비상구 문제가 눈에 띄었다. 준공 후에 방화문을 계단 옆에 설치하면서, 방화문이 작동하면 한쪽에서는 중앙 계단을 통해 비상 탈출이 불가능해졌다. 이와 같은 구조는 다른 건물도 마찬가지였다. 비상구가 확보되지 않을 때는 유리창을 깨고 건물에서 탈출해야 하므로, 사전 대비 훈련이 충분하지 않으면 2차 피해로 연결될 수 있는 상황이었다. 압력 용기들이 실험실 안에 배치되어 있는 경우도 확인되었다.

훌륭한 연구자 한 명을 얻기까지는 오랜 시간과 경제적 투자가 요구된다는 점에서 시설물 개선이 시급했다. 당장 건물의 구조적인 문제를 바로잡는 방안을 찾아야 했다. 연구원 내 모든 건물에 대한 안전 관련 전수 조사를 의뢰하고 대책을 마련하기 위해 구성원들의 의견을 구했다. 지금부터라도 부족한 점을 보완하여 안전 의식을 높이는 작업을 시작했다. 안전사고를 줄이기 위해서는 대비책을 마련하고, 이를 구성원이 공유해서 사전에 방지하는 것이 최선이다.

사고로부터 안전해지는 현명한 방법

     ━━━━ 2014년 3월 기계연 화재 사고 후 첫 번째 확대 간부 회의를 마친 후, 화재 진압에 신경을 써준 데 대한 감사의 마음을 전하기 위해 홍보실장과 같이 대덕북부소방서를 방문했다. 자연스럽게 화재에 관한 얘기가 나오자, 서장은 "초동 대처가 미흡해 사고 피해의 규모가 커졌다"라고 말했다.

    현장에서 전해 들은 것과는 상반된 얘기였다. 주요 공공 및 연구기관에 소방차가 출동하는 경우에는, 자동으로 담당 신문과 방송사 사회부에 전달이 되도록 시스템이 연결되어 있다는 것도 알게 되었다. 토요일 화재 내용을 YTN에서 신속하게 보도할 수 있었던 것은 그래서였다.

연구기관의 경우 일반적으로 시설 유지 관리에 필요한 예산을 지원받기가 매우 어렵다. 그래서 문제를 바로잡기 위해 노력하기보다는 사고가 일어나지 않기만을 바라는 경우가 많았다.

공교롭게도 다른 연구기관에서도 화재 사고가 일어났다. 게다가 2014년 4월 세월호 사건으로 인해 미래부(현 과학기술정보통신부)에서는 출연연 안전 관련 회의를 소집했다. 당연히 기계연의 화재 사고가 주요 사례로 소개되었고, 건의 사항을 개진할 기회도 주어졌다. 건물 구조의 취약성을 설명하고, 이 기회에 안전 관련 예산을 미래부 차원에서 지원해달라고 요청했다.

회의가 끝난 후, 정부 당국에서 안전 예산을 적어 내라는 특별 지시가 전달되었다. 화재 사고 이후 안전 보완 예산을 사전에 파악하고 있던 터라, 담당 부서의 안전 예산을 109억 원으로 증액하여 정부에 요구했다. 정부와 국회에서도 안전 관련 예산의 중요성을 인정해서 2015년도 예산에 전액 반영되었다. 연구원 개원 이래 건물 유지 보수 관련 예산을 받은 것은 처음이라며 기획예산실장은 매우 고무되었다.

이 예산은 피난 시설(비상 탈출로) 및 가스 안전 설비(옥외 가스 저장소, 안전 시약장, 유해가스 정화 장치) 구축, 노후 전력 설비 교체, 가스 조기 경보 시스템 구축 및 운영, 소방 안전 시설(화재감지기, 재난 안전 체험장) 등을 개선하는 데 유용하게 사용되었다. 아울러 재난 안전 상황실을 확대 설치하고, 실시간 재난 안전 감시 시스템을 도입했다.

안전의식을 고취하기 위해 전문가를 초빙하여 연구 현장에 필요한 안전 교육 및 시기별 취약 요인 교육을 강화했다. 신설된 재난 안

| 기계연에 설치된 재난안전상황실.

전 체험장에서 수시로 체험 교육 및 재난 사고 대응책 실제 훈련을
시행하여 안전의식을 높이려 노력했다.

2015년 12월, 기계연은 안전사고 무재해 기록 달성에 힘입어 재
난·안전 분야 우수 기관으로 선정되었고, 2016년에는 나노 임프린
팅 공정 장비 실험실이 제10회 연구실 안전의 날 행사에서 출연연
중 유일하게 최우수 안전 관리 우수 연구실로 선정되었다. 출연연
중에서는 가장 많은 안전 관리 우수 연구실로 선정되기도 했다. 우
연히 일어난 화재에 어떻게 대응하느냐에 따라 결과가 크게 달라질
수 있다는 것을 체험한 좋은 계기였다.

화재 사고를 잊어버릴 때쯤 둔산경찰서 정보과에서 귀한 손님이
찾아왔다. 그동안 국립과학수사연구소에서 진행됐던 화재 감식 결
과가 원인 미상으로 밝혀져, 본건에 대해서는 더 신경 쓰지 않아도

된다는 소식이었다. 경찰로서는 화재 사고가 일어났으니, 이에 대한 원인 분석을 하는 것은 너무 당연한 일이었다. 불이 난 연구실의 연구원이나 연구소가 이 일로 인해 더 피해를 보지 않아도 된다는 소식은 매우 반가웠다.

2019년 5월 말, 헝가리 다뉴브강에서 유람선 사고로 많은 사람이 목숨을 잃었다. 2017년 12월 제천에서는 비상문 계단을 막아놓은 목욕탕에 화재가 발생해 인명 피해가 발생했다. 잊을 만하면 전해지는 사고 소식에서 자유로워질 방법은 없을까? 안전에 대한 국민의 요구가 커진 만큼, 사고에서 안전해지는 방법은 스스로 안전에 관한 규칙을 꼼꼼히 잘 지키는 것이다. 또, 주변 환경이 더욱 안전해질 수 있도록 개선하는 데 국민 모두 앞장서야 한다.

토론식 회의 문화가 가져온 경상비 절감

     ▬▬▬▬ 2016년 8월쯤 기계연 확대 간부 회의에서 경상비가 부족할지도 모른다는 경고가 제기됐다. 경상비는 기관 운영에 필요한 핵심 경비로, 연초에 확정되면 주어진 예산 내에서 집행할 수밖에 없다. 이 메시지를 대하는 주요 간부들의 분위기는 각양각색이었다. 제대로 확인되지 않은 데이터를 성급하게 발표해서 연구원들에게 불안감만 제공했다거나, 미리 준비하는 것이 만일의 경우 발생할 피해를 최소화할 수 있다는 의견도 있었다. 기관 구성원의 의견은 다양할 수밖에 없고, 다양하게 표출될수록 건전한 것이다.

  경상비 부족에 대비하기 위한 대책을 마련하기 위해 관련 부서에 협조를 구했으나, 별다른 대안은 없었다. 특히 신생 지방 연구 센터에서는 타격이 클 수밖에 없었다. 대구, 김해, 부산을 포함한 모든 관련 행정 조직에 긴요하지 않은 예산 지출을 삼가고, 필요한 경비 절감 방안을 모색하기로 했다.

특히 경상비의 큰 몫을 차지하는 전기료 등을 다시금 살펴보자고 제안했다. 대전 본원의 경우 이미 연구 활동이 100% 이상으로 가동되고 있으므로 추가로 전기료를 절감할 수는 없었다. 전기료는 냉·난방비가 컸다. 냉방비는 8월이라 이미 절정은 지난 시점이고, 난방비는 아직 걱정할 때가 아니었다. 연구 활동에 지장을 주지 않기 위해 여름철에 지나치게 냉방을 한 건 아닌가 하는 생각이 잠시 스쳐 지나갔다. 여름이나 겨울이나 반소매로 지내는 데 익숙한 시대인 만큼 연구 활동을 위축시키지 않으면서 예산을 절감하기는 더욱 어려운 일이어서, 실제 사용자인 구성원의 협조가 필수적이다.

아직 시험 가동을 하지 않은 김해 LNG·극저온기계기술시험인증센터나, 최근에 가동을 시작한 부산 레이저가공기술산업화지원센터의 전기료나 운영비를 줄일 방안이 있는지 궁금했다.

"하늘은 스스로 돕는 자를 돕는다"라는 말처럼, 김해 연구 센터에서 희소식이 전달되었다. 전기료를 자세히 살펴보니, 센터를 처음 설계할 때 요구했던 전기 용량이 너무 과하게 책정되어 있어서 이를 현실화할 경우 1억 원 가까이 줄일 수 있었다. 이 소식이 전달된 후 대구와 부산에서도 희소식이 전달되었다. 가뭄에 단비를 맞은 격이었다. 액수가 그다지 크지는 않았으나, 어려움을 해결하기 위해 자발적으로 노력했다는 의미가 컸다.

2014년 11월에 기계연은 부가가치세 면세 사업자에서 일반 사업자로 전환했다. 문제는 정부가 이를 소급 적용하기로 한 것이다. 물론 상황에 따라서 소급 적용도 가능하다고 생각되지만, 소급 금액이 10억 원을 넘어서 기계연에는 가뜩이나 큰 부담으로 작용했다.

한국전자통신연구원과 같이 수탁 연구 과제를 많이 하는 연구 기관에서는 타격이 상대적으로 클 수밖에 없었다. 따라서 정부 정책의 변화에 정부 출연연의 대응은 기관마다 다를 수밖에 없었다. 기계연이 기술료를 빌려서 일단 부가가치세를 내고, 환급 결정을 요구하는 독립적인 대응 방식을 택하게 된 것도 그래서였다.

기계연의 적극적인 대응은 조세 심판원의 부가가치세 환급 결정으로 보상받았다. 추운 가을과 겨울을 보내지 않아도 될 만큼 경상비 부족에 대한 걱정을 덜어주었다. 오히려 그동안 기계연이 가지고 있었던 채무를 완전히 해소할 수 있는 전기가 되었다. 구성원들의 능동적인 대응과 개방적인 토론식 회의 문화가 가져다준 결과라 더욱 감사했다.

투명 경영 실천과 연구소의 발전

━━━━ 개인이나 기관의 자존감과 관련된 것이 공공기관의 청렴도다. 국민권익위원회는 해마다 외부 청렴도, 내부 청렴도, 정책 고객 평가를 종합하여 부패 사건 발생 현황 등을 반영한 청렴도를 발표한다. 2014년에 발표된 기계연의 2013년 청렴도 평가는 3등급이었다.

확대 간부 회의에서 청렴도 개선 방안에 관해 논의를 시작했다. 불만이 많은 일부 시간제 직원들이 적극적으로 설문 조사에 응한 결과일 것이라는 의견이 있었다. 하지만 노조 집행부와의 상견례 자리에서 노조 지부장은 은퇴할 때 연구원들의 박수를 받고 떠나가는 원장이 있으면 개선될 수 있으리라며 의미심장한 답을 주었다.

그동안 기관이 경험했던 불미스러운 일로 인해 연구원 내 의견이 갈라져 있었고, 문제를 터놓고 얘기하는 것을 상당히 부담스럽게 느끼고 있었다. 연구원의 효율을 향상하기 위해서는 이를 개선하는 것이 중요했다.

기계연 재임 기간 동안 행정 직원들에게 "연구소의 주된 활동은 연구 업무로, 행정 직원은 연구 활동이 잘 이루어질 수 있도록 도와주면 된다"라고 설득했다. 연구원들에게는 연구본부장을 중심으로 규정을 잘 지키게 하고, 연구본부장이 행정을 정확히 파악하여 젊은 연구원들에게 안내해주도록 의무와 책임 의식을 강화했다.

오랫동안 쌓인 관습이 하루아침에 없어지는 것은 불가능했다. 하지만 행정 직원과 연구원 간에 대화의 물꼬가 트이기 시작하자, 애로 사항을 공유하는 모임이 자발적으로 생겼다. 조금씩 가슴앓이가 해소되기 시작한 것이다.

경비 절감을 실천하기 위해 출퇴근 시와 휴일에는 관용차 사용을 중단했다. 원장실 소속 위촉직도 줄였다. 선임연구본부장직을 연구부원장과 경영부원장으로 나누어 전문적인 책임 행정을 강화하고, 대신 비서를 한곳에 근무하게 하여 보조 인력이 늘어나는 것도 방지했다.

당시 기계연 구내식당에는 원탁이 하나 있었다. 칸막이를 없애고 원탁은 1층으로 옮긴 후, 테이블 위에는 꽃을 올려놓게 했다. 연구원들이 자유롭게 사용할 수 있도록 테이블 주위에 의자를 배치했다. 원탁을 없애고 연구원 구내식당에서 연구원들과 자유롭게 식사를 하자 마음이 훨씬 편해졌다.

2016년 7월 14일, 한국기계연구원 40주년을 맞이하여 기관의 현안을 논의하는 역대 원장 모임을 끝내고. 앞줄 왼쪽부터 반시계방향으로 박승덕, 이해, 김훈철, 황경현, 서상기, 박화영, 황해웅 원장, 필자. 한국기계연구원 사진 제공

연구비 부정 집행을 줄이기 위해 2014년부터 구매 물품 추적 관리 전산 시스템과 e-감사 전산 시스템을 자체적으로 개발·적용했다. 전산 시스템 도입으로 연구 관리 시스템이 효율화되어 2015년, 2016년 연속으로 한국연구재단 평가에서 연구비 관리 체계 최우수 등급을 받았다.

청렴도 수치 역시 2014년에는 8.66점으로, 지난해보다 0.23점이나 높아지고 2등급으로 상향 조정되었다. 1등급에 아주 가까운 점수로, 23개 출연연 중에 두 번째로 높았다.

2014년 말에 우연히 만난 수협의 한 지점장은 기계연과 거래하기가 수월해졌으며, 거래 대금 지급이 전보다 빨라져서 거래처에서 매우 좋아한다고 칭찬해주었다. 이 일로 사소하지만 조금만 신경을 쓰면 개선할 수 있는 행정 사례들을 모아서 칭찬해줄 기회를 갖기로 마음먹게 되었다.

2015년에는 8.58점, 2016년에는 8.60점으로 2등급을 유지했지만 1등급으로 도약하지 못한 것이 못내 아쉬웠다. 청렴도 수치만으로 내부 구성원의 만족도를 평가하기에는 한계가 있지만, 노조 지부장의 지적대로 내부 구성원의 만족도가 올라가면 청렴도는 당연히 올라가리라 믿는다.

대한민국 공공기관의 경쟁력을 높이기 위해서는 내부 구성원들이 스스로 개선책을 찾아 개선할 수 있도록 동기 부여를 해줄 수 있는 시스템을 마련해야 한다. 3년간 정든 연구원을 떠나며 바깥에서 굴러온 돌이었던 필자를 끝까지 믿고 따라준 한국기계연구원 가족들에게 감사를 표한다.

10장

대외 홍보의 중요성

기관 경영,
적극적인 외부 홍보가 필요하다

━━━━ CNN의 크리스티 루 스타우트(Kristie Lu Stout) 앵커가 KAIST 문지캠퍼스에서 2009년 10월 21일 오전 10시에 생방송을 진행했다. 2007년부터 CNN이 기획 방송한 〈Eyes on South Korea〉 프로그램의 후속이었다.

2009년 봄, 홍보팀장이 CNN의 프로듀서가 통화하길 원한다고 전했다. 연락을 받자마자 프로듀서에게 직접 전화를 했다. 내용인즉, CNN이 한국 관련 특별 취재를 기획하고 있는데 KAIST에서 진행하고 있는 프로젝트에 관해 관심이 있다는 것이었다.

당시 KAIST에서 진행되고 있던 온라인 전기 자동차 개발 프로젝트에 대해 프로듀서에게 설명했다. 프로듀서는 결정 권한이 없고,

홍콩에 있는 상관인 마이클 슘(Michael Schum) 책임 프로듀서에게 보고하고 상의한 후 연락을 주겠노라고 전했다. 얼마 지나지 않아 책임 프로듀서에게서 직접 이메일이 왔다. KAIST 취재에 관심이 많지만 최종 결정을 위해 관계자들과 캠퍼스를 방문해도 좋겠느냐는 내용이었다. 언제든지 환영이라고 답했다.

다행히 방문은 5월경에 이루어져 캠퍼스의 신록이 아름다울 때였다. 대전역까지 마중을 나가 캠퍼스 방문을 도왔다. 학교 방문을 마치고 대전역에 바래다주는 차 안에서 슘 책임 프로듀서는 "환대에 감사를 표하며 돌아가서 싱가포르 지사와 논의를 한 뒤 최종 결정이 이루어지면 알려주겠다"라며 KTX에 올랐다.

지성이면 감천인가! 방문을 마치고 돌아간 뒤 한 달쯤 뒤에 반가운 소식이 전달되었다. "KAIST를 프로그램에 넣을 예정인데, 생방송이므로 영어를 잘하는 학생을 소개해주면 좋겠다"라고 전해 왔다.

서 총장의 이력을 자세히 설명한 후에 전기자동차 개발 프로젝트를 기술적인 면에서 누구보다도 잘 설명할 수 있을 것이라는 확신을 심어 주었다. 이렇게 해서 CNN의 생방송이 문지 캠퍼스에서 이루어진 것이다.

온라인 전기자동차는 무선으로 전력을 공급받아 운행하는 차량을 일컫는다. 일반 도로 아래에 전선을 묻고 전선에서 발생하는 자기장을 차량 하부에 있는 집전 장치를 통해 전기로 환원시켜 자동차의 동력원으로 사용하는 기술이다.

1990년대 미국의 버클리 대학에서 연구를 수행했으나 효율이 60%를 넘지 못하고 전력선에서 나오는 자기장이 인체에 유해할 수 있다는 문제가 제기되어 프로젝트를 중단했다. KAIST 연구팀은 2008년부터 연구를 시작해 일반 전기 차와 비교해 배터리 무게를 크게 줄일 수 있을 만큼 효율을 끌어올리고, 2010년 3월 과천 서울 대공원에서 운행되던 디젤식 코끼리 열차를 온라인 전기자동차로 대체하는 기술을 선보여 관심을 끌었다.

2009년 10월 CNN 생방송은 국내외 언론에 큰 반향을 불러일으켰다. 서 총장도 생방송 인터뷰는 처음이라 긴장을 많이 했다. 특히 이 인터뷰로 인해 스타우트 아나운서는 스탠퍼드대학교 동기인 전산학과의 오혜연 교수와 만났다. 온라인 전기 자동차 프로젝트는 국내에서 뜨거운 감자였다. CNN에서 생방송을 진행했으니, 방송 이후의 일이 더욱 염려되었다. 2009년 모 국회의원의 효율과 전자파에 관한 계속된 질의 공방으로 KAIST는 한동안 언론의 주목을 받을 수밖에 없었다.

요즈음 4차 산업혁명으로 전기 자동차가 다시금 주목을 받고 있다. 2019년 9월 독일 프랑크푸르트 종합전시장에서 열린 독일 모터쇼에서 향후 10년 안에 모든 승용차가 전기차로 전환될 것이라는 다임러 그룹 올라 칼레니우스(Ola Kallenius) 회장의 발언이 보도되었다. 서 총장이 퇴임한 후 전기 자동차 프로젝트의 지원이 중단되지 않았다면 기술 개발에서 훨씬 우월한 위치에 있지 않았을까 하는 생각이 든다.

기관 홍보의 중요성은 우리 모두가 공감하지만 홍보의 효율이 주된 이슈다. 필자는 이를 극복하기 위해 아주 단순한 방안을 제시했다. 많은 경우에는 보도가 이루어지지 않는 것을 염려하여 국내 기

2009년 10월 21일, CNN 생방송을 준비하는 크리스티 루 스타우트와 제작진.
한국과학기술원 사진 제공

자단에게만 보도자료를 보내는 것이 관행이었으나, 게재가 되든 안 되든 간에 외국 매체에도 보도자료를 배포하기를 KAIST 및 기계연 홍보팀에 권했다. 또한 외국 기자단과의 간담회도 추진하고 기회가 있을 때마다 행사에 외국 기자단을 초청했다. 아울러 기계연에서는 전직 과학기자를 초빙해 글쓰기 교육을 위주로 '대외 협력 및 홍보 창의 전략 동아리'를 도입, 운영했다.

결과는 기대 이상이었다. 《뉴욕타임스》, AP 또는 AFP 통신 등에 KAIST 소식이 알려지기 시작하고 외신 보도가 차츰 증가하기 시작했다. 기계연의 언론 보도는 2013년에 670건에 지나지 않았으나, 2014년과 2015년에는 연평균 1,150건에 이르러 70% 이상 증가했다. 또한 2014년 5월 14일에 인천공항에서 열린 자기부상열차 인증식에는 중국 신화통신을 비롯한 11개의 외신 매체가 참여해 보도했다. 연구원이 생긴 후 첫 번째로 이루어진 시도로 값진 결과를 구성원들이 경험하게 되어 홍보에 대한 인식을 새롭게 하는 계기가 되었다. "기본에 충실하라(Back to basics)"라는 표현을 통해 홍보의 진정한 의미를 잊지 않기를 기대한다.

학교를 대표하는 언론의 탄생

■■■■ "21세기에 홍보는 자본주의의 꽃이라 부를 만큼 중요성이 곳곳에서 부각되고 있다. 이제는 기업은 물론이고, 각 연구소와 학교도 각자의 이미지를 국민에게 심기 위해 노력해야 한다." 미국 코넬대학에서 25년간 홍보를 담당하고 1992년에 잠시 귀국해서 《코리아헤럴드》 편집을 도왔던 김용현 편집고문의 주장이다. (김 편집고문은 대학 홍보의 산증인이다.)

1992년 천성순 원장은 한국과학기술원(과기원)과 과기대가 통합되었으므로, 통합된 이미지 구축을 위해 《과기대 학보》와 《과기원 소식지》를 통합하길 바랐다. 천 원장은 학보사 주간으로 이 일을 맡아 수행해주길 필자에게 권했다.

당시 과기대 학보사에는 학생 기자 조직이 있었지만《과기원 소식지》는 홍보팀 직원들이 소식을 모아 발간하는 형태였기 때문에, 통합을 통한 새로운 이미지 구축에는 의외로 어려움이 따랐다. 통합되면서 홍보팀에는 일이 줄어들었지만, 학보사 기자들은《과기대 학보》의 이름만이라도 지키고 싶어 했다. 기자들의 자긍심이 대단했다.

대학 신문은 대학의 얼굴과도 같으니, 통합될 신문의 제호가 문제였다. 당시 학보사 편집장은 항공공학과의 정용운 기자였다. 통합 관련 논의를 시작하자, 하루는 경영과학과 김종호 기자가 머리를 삭발하고 나타났다. 통합에 대한 강한 반대 의사를 표명한 것이었다.

신문의 이름은 대학의 정체성을 대변한다. 역대《과기대 학보》주간 교수들과의 면담에서도 의견 조율은 쉽지 않았다. 몇 번에 걸친 논의 끝에 가까스로《과기원신문(The KAIST Times)》으로 학보 이름을 바꾸기로 정했다.

필자는 과학기술을 교육하고 연구하는 기관에 걸맞게 신문 편집 또한 컴퓨터로 하는 매킨토시 전자 출판 시스템을 도입하고, 신문의 크기도 가지고 다니거나 읽기 편한 타블로이드판으로 바꿀 것을 제안했다. 전자 출판 시스템은 지면을 이용한 임시 편집을 모니터로 대체시켜 편집 시간을 획기적으로 줄일 수 있었다.

삼원컴퓨터 직원이 파견을 나와 학생 기자들에게 소프트웨어 사용법을 친절히 가르쳐주며 신문 편집을 도와주었다. 전자 출판 시스템으로 만들어진《과기원신문》첫 호가 1992년 3월 16일《대전일보》인쇄 시스템에 의해 총 16면으로 발행되었다. 1992년 4월까지 편집장을 맡았던 정용운 기자가 김종호 기자로 바뀌고, 5월 25일자 신문부터 새 편집장 체제로 발간되기 시작했다.

전자 출판 시스템의 도입은 대학 신문사로서는 획기적인 일이었다.《과기원신문》의 새로운 편집을 위해 김용현 편집고문에게 많은 조언을 구했다. 김 편집고문은 기사의 정확성을 확인하기 위해 기자들이 발로 뛰어야 하고 독자들이 읽기 쉽도록 만들어야 한다는 점을 특별히 강조했고, 1면의 왼쪽에 주요 기사란을 만들기를 추천했다. 지금도 김 고문의 사려 깊은 조언에 감탄할 뿐이다.

《과기원신문》을 창간하면서 천 원장으로부터 특별한 약속을 받았다. 당시에《과기대 학보》에 광고를 대행해주는 업체가 있었는데, 광고비는 푼돈 수준이었다. 이를 직영으로 바꾸고 발생하는 광고비를《과기원신문》에서 집행할 수 있도록 허락을 구한 것이다.

광고 대행사의 보이지 않는 견제에도 현실화된 광고비로 삼성 광고를 직접 유치할 수 있었다. 이 광고비로, 필자는 영국 문화원의 도움을 얻어 학생 기자단을 영국의 에든버러대학과 뉴캐슬대학에 보내 외국 대학 신문과 학교 홍보를 직접 체험할 수 있는 기회를 제공했다. 이를 통해《과기원신문》의 질을 더욱 높이고자 한 것이다. 다행히도 스페인 세비야에서 엑스포가 열리는 시기를 택하여 영국으로 가는 도중에 엑스포를 참관할 수 있도록 배려했다.

해외 특별 취재팀으로 신문사 편집장인 김종호, 정병환, 김태형 기자가 파견되었다. 해외 취재팀으로 파견 나갔던 기자들의 생각이 확실히 달라져서 돌아왔다. 훨씬 적극적으로 기사 발굴에 노력하고 자부심이 높아진 것을 여러모로 확인할 수 있었다.

《과기원신문》은 구성원들의 다양한 의견 소통을 위해 나도 한마

Korea Advanced Institute of Science and Technology

THE KAIST TIMES 과기원신문

제39호 격주간 1992년 3월16일

39호 주요기사

입학식사 :
전인적 소양을 갖춘 창조적 진리탐구자로서의 자세를 다지고 국가발전을 위해 노력해 주기를......,
— 천성순 원장 11면

인터뷰 :
신임 장호남 교수협의회장은 원의 민주적인 발전을 위해 노력을 아끼지 않을 예정 — 9면

학부장에게 듣는다 :
최덕인 자연과학부장과 곽병만 기계공학부장으로 부터 학부소개와 운영방침을 들어본다 — 4면

지금 과기원이 할 일
국내 최초의 노벨상과 필즈상은 과기원 출신이 받아야
— 수학과 서동엽교수 6면

과기원 가족
스탠포드 대학에 유학중인 홍인기 동문이 보내온 편지 —7면

38호 모니터
퇴임 기자들이 획기적인 변화를 시도한 38호 과기원 신문을 비판하고 본사가 나아가야 할 방향을 제시해 준다
— 2면

독서의 중요성과 방법
독서를 통하여 더 많은 실력과 자아발전의 기틀을 마련하자
— 오현봉 도서관장 7면

기행문
급변하는 러시아의 생생한 현지보고서
— 16면

학사과정 신입생 출신고교별 현황

(일반고3년 무시험입학자55명 불포함)

구분		필기시험 합격자	필기시험 면제자	교육법상 특례입학자	합계	지원자수
과학고	고2	308	12	-	320	386
	고3	34	-	-	34	44
	졸업	3	-	-	3	4
	계	345	12	-	357	431
일반고	고2	4	-	-	4	45
	고3	96	1	-	97	221
	졸업	56	1	-	57	113
	기타	-	-	2	2	2
	계	156	2	2	160	381
검정고시		0	-	-	0	9
합계		501	14	2	517	821

정원식 국무총리 졸업식에 참석

致辭

이 나라 科學技術人材의 搖籃이라고 할 수 있는 이곳 韓國科學技術院에서 소정의 課程을 마치고 오늘 영예의 學士, 碩士, 博士학위를 수여받은 卒業生 여러분에게 마음으로 부터 축하를 보내며 앞날에 크나큰 榮光과 發展이 있기를 祝願합니다. 그동안 여러분이 勉學과 硏究에 쏟은 刻苦의 努力은 이제 뿌듯한 보람이 되어 學位證書위에 빛나고 있습니다. 또한 卒業生의 오늘이 있기까지에는 千性淳 院長을 비롯한 敎授 여러분의 헌신적인 指導 그리고 家族 여러분의 정성어린 뒷바라지가 있었으며, 그 勞苦와 熱誠에 대해서 이 機會를 빌어 충심으로 致賀와 感謝를 드리는 바입니다.

卒業生 여러분.

民主, 繁榮, 統一의 새로운 民族史를 열어 나가려는 國民的 決意가 그 어느 때보다도 드높은 가운데 지금 우리는 그동안 다져온 社會 各分野의 安定과 成長을 바탕으로 힘찬 前進의 발걸음을 내딛고 있습니다. 오늘의 우리가 이처럼 희망찬 未來를 개척해 나갈 수 있는 自信感을 갖게 된 것은 世界史에 그 類例가 드문 짧은 기간에 近代化와 産業化를 성공적으로 이끌었기 때문이라고 생각합니다. 우리가 가진 賦存資源과 資本은 빈약했지만, 우리 科學技術人의 執念어린 努力과 온 國民의 勤勉, 誠實로 이를 극복한 것입니다. 그러나 昨今의 戰爭을 방불케하는 치열한 經濟 競爭은 高度의 科學技術을 부단히 요구하고 있습니다.

現代産業社會에서 尖端科學技術은 國家發展의 成敗는 물론 生存을 좌우하는 열쇠입니다. 그렇기 때문에 지금 이 순간에도 世界 各國은 科學技術振興을 위해 피나는 努力을 경주하면서 저마다 그 保護主義 障壁을 높이 쌓고 있습니다. 생각해 보면, 우리의 科學技術은 그동안 비약적인 發展을 거듭하여 一部分野에서는 相當한 水準에 이르고 있기도 합니다만, 전반적으로 아직 先進國 水準에는 미치지 못하고 있는 실정입니다. 따라서 우리는 科學技術의 독자적인 開發에 박차를 가함으로써 科學技術立國을 구현해 나가야 하겠습니다.

최근 國家競爭力의 弱化등으로 어려움을 겪고 있는 우리 經濟의 活力을 되살리기 위해 갖가지 비상한 努力을 경주하고 있습니다만, 장기적으로 볼때 그 關鍵은 科學技術의 革新이라고 생각합니다. 이러한 관점에서 政府는 科學技術振興을 최우선의 國家的 課題로 삼고, 投資 擴充 등 제반 政策的 努力을 강구하고 있습니다. 특히 오는 2000年까지 우리의 科學技術 수준이 先進7個國圈에 진입할 수 있도록 科學技術投資規模를 현재 國民 總生産의 2.2%에서 5%로 끌어 올릴 계획으로 있습니다.

이러한 원대한 構想아래 優秀 科學技術人材 養成에 가능한 모든 支援과 努力을 아끼지 않을 것입니다. 科學技術院의 學士課程을 96년까지 1,000名으로 늘리는 등, 2001년까지 科學技術 두뇌 16萬名을 확보하는 한편, 우리의 科學技術人이 창의적인 硏究意慾을 불 태울 수 있는 여건을 조성하고 協同硏究開發體制도 보다 강화해 나갈 방침입니다.

卒業生 여러분.

오늘 여러분에게 보내지고 있는 뜨거운 喝采와 祝福의 의미는 앞으로 科學技術 頭腦로 성장하여 이 나라 發展을 이끄는 先導役軍이 되어 달라는 간절한 기대와 바램일 것입니다.

지금까지 이곳을 거쳐나간 여러분의 先輩, 8천여 科學技術院 卒業生들은 어려운 여건속에서도 오로지 내일의 科學韓國을 짊어지고 있다는 矜持를 가지고 이 나라 科學技術의 새 地平을 열기 위해 自己自身과의 외로운 싸움을 계속하고 있습니다. 오늘 우리가 이에 더하여 여러분과 같은 精銳 科學技術人材를 새로이 맞게 된 것은 科學技術界는 물론 國家的으로도 매우 기쁘고 마음 든든한 일이 아닐수 없습니다. 여러분의 執念과 努力이 끊임이 이어질 때 우리나라는 21世紀 科學先進國으로 世界에 우뚝 설 것입니다.

오늘 비록 學舍를 떠나더라도 그동안 이곳에서 지펴왔던 探究意慾을 더욱 불태워 주기를 간곡히 당부하면서 卒業生 여러분과 韓國科學技術院의 앞날에 무궁한 發展과 榮光이 있기를 기원해 마지 않습니다.

感謝합니다.

92학년도 입학식이 지난 3월 2일 10시 30분에 본원 대강당에서 거행되었다. (관련기사13면)

타블로이드판으로 탄생한《과기원신문》첫 호 1992년 3월 16일 자 1면 보도 내용.
한국과학기술원 사진 제공

디, 과기원 가족, 맛을 찾아서, 대덕벌 게시판 등과 같은 지면을 신설했다. 유일한 대학원생으로 신문 편집에 많은 도움을 주었던 남택진 기자는 현재 산업디자인학과 학과장으로 재직 중이다.

반년 간에 걸친 갈등과 노력 속에 신문이 정상 궤도에 올랐다. 이후 《과기원신문》은 영자 신문을 독립시키고 꾸준히 발전하여 오늘에 이르고 있다. 《중앙일보》도 한참 후에야 《과기원신문》과 같은 타블로이드판으로 바꾼 것을 보아 앞선 길을 걸은 것은 분명한 듯하다. 뜻이 있는 곳에 길이 있다.

방문객들에게 깊은 인상을 심어줄
기관 홍보 방안

━━━━━ 외국 유명 인사들의 KAIST와 기계연 방문이 부쩍 늘었다. 외부에서 방문객이 방문할 경우, 기관 소개 책자와 간단한 선물을 제공한다. 외국의 기관도 마찬가지다. 외국의 대학에서는 자그마한 선물을 학교 로고가 인쇄된 예쁜 종이 가방에 담아주기도 했다.

김용현 편집고문은 1990년대 초반에 대학이나 공공기관 홍보의 중요성을 강조했다. 따라서 종이 가방을 대체할 수 있고, 기관의 이미지를 좀 더 기억에 오래 남게 하는 경제적인 대안이 없을까 고민했다.

2001년, 서울 교육문화회관에서 아시아태평양국제컨퍼런스를 개최한 적이 있다. 당시 참가자들에게 줄 선물을 고민하다가 가방을 만드는 데 참여한 경험이 있다. 가방을 제작하는 중소기업의 영업 담당자는 검정색이지만 표면이 번질번질하게 보여서 대부분의 남성에게는 약간 비호감적인 요소가 있는 단점을 지적하면서도 가격 대비 내구성이 월등한 신소재를 활용하는 것을 제안했다. 이 제안을 필자는 흔쾌히 받아 들였다. 당시에 제작한 가방은 참석자들에게 인기가 높았다. 일부 참석자들은 최근까지도 가방을 즐겨 사용하고 있다고 들었다.

필자는 선물을 자그마한 가방에 담아서 전달하되, 편하게 쓸 수 있는 가방이면 좋을 것 같다는 생각이 들었다. 면이나 부직포 등 값싼 소재로 만들어진 자그만 가방을 들고 다니는 것을 주변에서 많이 보았고, 국제학술대회에서도 USB 메모리가 대중화되기 전에는 가방을 만들어주는 것이 유행했다.

가방에 들어갈 로고 디자인이 필요했다. 2008년에 KAIST 산업디자인학과의 석현정 교수에게 가방에 들어갈 디자인을 부탁했다. 이 외에도 학교 소개 책자, KAIST 달력, 40주년 기념 화보 제작 감수 등 많은 홍보 관련 자문을 부탁했다. 이렇게 탄생한 KAIST 홍보용 가방은 가는 곳마다 인기를 끌었다. 어려운 시간을 쪼개 도와준 석 교수에게 깊은 감사를 전한다.

이 경험을 바탕으로 2016년 기계연 40주년을 맞이하여 구성원에게 부직포로 만든 가방을 선사했다. 디자인은 비서실의 행정원이 수고해주었다. 가방을 전해 받은 구성원들의 집에서 반응이 괜찮았다는 후문이다.

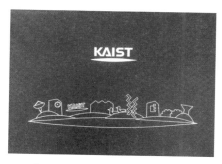

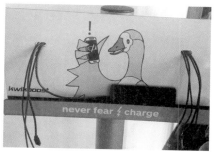

KAIST 산업디자인학과 석현정 교수가 특별 디자인한 KAIST 로고.

미국 사우스해들리 마운트홀리요크칼 리지 도서관 내 휴대폰 충전기 위치 표 시 안내판.

KAIST는 2011년에 개교 40주년을 맞이했다. 이를 기념하기 위해 필자는 기념화보집을 기획하고 이를 구성원들이 공유하도록 웹사이 트(http://photo.kaist.ac.kr)를 준비했다. 40주년 기념 화보 제작을 위해서는 문화기술대학원 석사과정을 마친 지호준 사진작가와 기계 공학과 박사 과정의 임찬경에게 도움을 받았다. 지 작가와 임 박사 덕분에, 홍보팀이 제작한 KAIST 사진 갤러리(KAIST Photo Gallery) 에 구성원들이 자유롭게 활용할 수 있는 멋진 사진을 갖출 수 있 었다. 지 작가는 2016년 KIMM 40주년 기념화보 제작에도 참여했 다. KAIST와 한국기계연구원 40주년 기념화보를 위해 정성스럽게 사진을 만들어 준 지 작가와 임 박사에게 지금도 감사한다.

미국 마운트홀리요크칼리지 도서관에 있는 핸드폰 충전기 위치 안내판은 충전기 위치뿐만 아니라 학생들에게 전달하고자 하는 메 시지를 동시에 던져주는 멋진 아이디어였다. 유럽의 각 대학 캠퍼스에서 본 안내판은 단순화되어 있으면서도 필요한 내용을 함께 담아내는 것이 인상적이었다. 반면에 KAIST 교내에 설치된 차량 정지 안내판 중에는 팔각형 안에 정지 표시 옆에 일시 정지라는 글씨를 옆에 한글로 표시해두거나 주도로에 과속방지턱을 여러 개 만들어놓고 바닥에도 일단 정지를 표시해두고도 도로 중앙선에 차량 속도 안내판을 과잉으로 설치해놓은 것을 발견할 수 있다.

기관 홍보 측면에서 보면 이는 매우 부적절해 보일 수도 있다. 도로를 사용하는 운전자들이 교통 수칙을 준수하지 않는다는 것을 간접적으로 나타내주는 것 같아서다. 따라서 근본적으로 문제를 다시 살펴볼 필요가 있다. 잘못 사용할 경우에는 우리가 원하지 않는 의미를 전달할 수도 있기 때문이다. 사소한 일이라고 생각할 수 있지만, 문제를 섬세하게 살펴 의미 전달이 정확히 될 수 있는 단순한 안내판이나 홍보 방안을 마련해 우리 주변이 더 안정되고 정리된 느낌을 주길 바란다.

과학기술의 중요성을
쉽게 전달하는 방법을 고민하다

━━━━━ 대덕연구단지 연구기관이 무슨 일을 하는지 잘 모르고, 뚜렷한 연구 결과도 나오지 않는다는 불평을 주변에서 쉽게 접한다. 이는 출연연이 주로 과학기술 연구 결과의 홍보에 치중하기 때문에 홍보 내용이 너무 전문적이어서 일반 시민들에게는 피부로 와 닿지 않아서인지도 모른다.

출연연이 쓰는 예산의 대부분은 국민의 세금이다. 아무리 좋은 일을 한다고 해도 결과를 국민에게 잘 알리는 일은 출연연의 의무이자 책임이다. 교통과 통신 수단의 발달로 지구상 곳곳에서 이루어지는 일들이 실시간으로 전해지고 있다. 주변 환경 변화에 적극적으로 대응하기 위해 기계연 홍보실의 기능 중 국제 협력 기능을 강

| 2014년 첨단생산장비연구동 벽면에 설치된 LED 전광판. 한국기계연구원 사진 제공

화하고자 홍보실을 대외협력실로 확대 개편하고, 해외에서 연구 경험이 많은 연구원을 초대 대외협력실장으로 임명했다.

기관에 대한 대국민 이미지를 하루아침에 개선하기는 쉽지 않은 일이다. 평소 대전엑스포 행사장 네거리에 있는 국립과학관 전광판을 신호 대기 중에 보면서 대덕연구단지 소식을 접하던 기억이 새로웠다. 기계연 입구에도 대형 전광판이 이미 설치되어 있었으나, 지리적인 위치상 노출이 잘되지 않았다.

2014년에 큰 도로변에 지어지던 기계연 첨단생산장비연구동의 벽면은 호남고속도로에서도 잘 보였다. 벽면에 LED 전광판을 설치하

I Love KIMM 로고. 한국기계연구원 사진 제공

KIMM을 사랑합니다 로고. 한국기계연구원 사진 제공

여 대덕연구단지 내의 소식을 공유하면 좋을 것 같았다. 아쉽게도 기계연 로고와 기관명이 대로변에 자리하고 있어서, 설계를 변경하지 않고는 전광판 설치가 불가능했다. 가뜩이나 예산이 넉넉지 않은 상태여서 차선책으로 수직면에 전광판을 설치하기로 했다. 이렇게 설치된 LED 전광판은 주변 기관에 근무하는 연구원 또는 주민들에게 많은 관심을 끌었다. 밤에 비추는 환한 불빛은 연구원 주변을 밝게 만들어 인근 주민들의 관심을 끌기에 충분했다. 큰 변화의 시작은 우연히도 작은 것에서부터 일어나는 것이었다.

기계연 로고는 1994년 서상기 전임원장 재임 시에 만들어진 것인데, 로고를 바꾸었으면 좋겠다는 의견이 있었다. KAIST 산업디자인학과의 배상민 교수는 이 분야의 전문가다. 코카콜라의 로고를 바꾸는 데 공동으로 참여했던 경험을 통해 머릿속에 각인된 이미지를

2015년 6월 10일, 세계과학기자협회 연차 총회에서 연구원의 주요 기술 이전 및 연구 사례 발표. 한국기계연구원 사진 제공

2014~2016년 미래기계기술국제포럼 소개 리플릿과 회의록 표지. 한국기계연구원 사진 제공

바꾸는 작업이 얼마나 어렵고 큰 비용이 드는 일인지 설명하는 특강을 들은 적도 있었다.

KIMM 로고 위아래에 붙어 있는 붉은색 꺽쇠를 없애자고 제안했으나 구성원의 반대가 컸다. 예산과 시간이 허락되지 않아 로고 개선은 다음으로 미루었다. 그 대신, 비서실 행정원의 도움으로 'I Love KIMM' 로고를 만들어 "KIMM을 사랑합니다!"라는 캠페인을 시작했다. KIMM은 연구원의 영문 머리글자이지만 이를 Knowledge(지식 창출), Innovation(혁신), Motivation(동기 부여), Marketability(시장 창출)로 풀어 연구원이 지향할 바를 구성원들과 공유하고자 했다. 대외 홍보를 강화하기에 앞서 구성원 스스로 하는 일에 대한 자긍심을 높이기 위해서였다.

2015년 6월에는 서울 코엑스 빌딩에서 열린 세계과학기자협회 연차 총회에 참석해 기계연의 주요 기술 이전 및 연구 사례를 발표할 기회를 얻기도 했다. 아울러 자라나는 꿈나무들에게 과학기술의 중요성을 쉽게 전달하기 위해, 2016년 미래기계기술국제포럼의 안내장과 회의록(http://forum.kimm.re.kr을 통해 다운로드 가능)의 표지를 구성원의 꿈나무들을 모델로 만들어 배포했다. 인기가 시들해진 과학기술 분야에 대한 풀뿌리 캠페인을 시도해본 것이다. 이러한 기계연의 자발적이고 다양한 시도는 예산 확보 또는 인력 충원 등으로 반영되었다고 생각한다. 지금까지 관련된 일에 적극적으로 동참해준 대외협력실장을 비롯한 모든 분들에게 감사하다.

11장

학문의 근간은 변하지 않는다

한국기계연구원을 향한
슈뮈커 박사의 섬세한 기록과 성찰

■■■■ 기계연이 창립 40주년을 맞아, 2016년 8월 18일에 '기계공학과 지속 가능성'을 주제로 미래기계기술포럼 코리아를 대전에서 열었다. 포럼에는 아주 특별한 손님이 찾았다. 1977~1981년에 서울과 경남 창원 등지에 머물면서 한국의 기계산업 발전을 지원하기 위해 한국기계금속시험연구소의 자문역으로 도와주었던 뮌헨 막스플랑크 연구소(Muenchen Max Planck Gesellschaft) 명예연구원 헬무트 슈뮈커(Hellmut Schmuecker) 박사였다.

그는 2016년 초 한국에 선교사를 보낸 뮌헨 근교의 성 오틸리엔(Saint Ottillien) 수도원에서 열린 한국문화특별전 기사를 보고 한동안 까맣게 잊었던 한국을 떠올려 40주년 기념식에 참석했다고 전

2016 IFAME에 참석하여 한국기계연구원 역사에 관해 발표하는 헬무트 슈뮈커 박사. 한국기계연구원 사진 제공

했다. 기계연은 이날 기념식에서 슈뮈커 박사의 회고담을 경청하고, 그를 명예연구원으로 위촉해 환영의 뜻을 전했다.

슈뮈커 박사는 포럼에서 연구원이 탄생하게 된 배경과 한국과 독일 정부 관계, 국내 연구 및 개발 환경의 변화, 연구원의 도전 과제 및 미래 연구 분야에 관해 발표했다.

그는 한 가지 해법만 구하려 하지 말고 시스템적으로 해법을 구하고, 큰 생각에만 매달리지 말고 더 나은 것이 없는지 생각하라는 메시지를 전했다. "스티브 잡스가 얘기했듯이 '남들과 다르게 생각하라'는 점을 잊지 말기 바랍니다"라고 조언했다.

슈뮈커 박사는 1981년에 이임하면서 받은 KIMM 로고와 에밀레종 마크가 새겨진 황동 메달을 돌려주면서, 역사의 한 페이지를 장식하는 의미 있는 메달이니 연구원에서 간직하는 것이 좋을 것 같았다고 했다. 그리고 "40년 전 독일의 판단이 옳았다는 것을 확인하게 되어 더욱 기쁘다"라고 덧붙였다.

슈뮈커 박사의 발표는 한국기계연구원 초대 자문역으로 발전 과정을 지켜보면서 1960년대부터 시작된 한국 경제의 발전사를 쉽게 이해할 수 있도록 체계적으로 설명해준 값진 것이었다. 슈뮈커 박사의 섬세한 기록과 성찰에 놀랄 따름이다. 40년이 지난 후에도 아낌없이 지원해준 데 감사하며, 이 발표가 우리가 나아갈 방향을 돌아볼 수 있는 기회로 활용되길 바란다.

아래에는 슈뮈커 박사의 발표 내용을 발췌해 옮긴다.

1975년 4월은 사이공의 함락으로 베트남전쟁이 끝난 해다. 한국은 32만 명의 국군이 베트남 전쟁에 참전했으며, 그 대가로 2억 4천만 달러를 미국으로부터 받았다. 이 돈은 한국 경제가 향후 10년간 GNP를 6배 증가시키는 데 긴요하게 사용되었다.

1961년부터 1979년까지 한국을 이끈 박정희 대통령은 경제 부흥을 바탕으로 자주 독립을 꾀하였다. 1945년부터 1990년까지 미국, 일본, 유럽으로부터 지원받은 차관 자금 규모는 120억 달러에 달했다. 경제 부흥 계획을 수립하기 위해 경제기획원이 탄생했는데, 1962년부터 경제개발5개년계획을 수립했다. 정부 주도 하에 이뤄진 노력으로 GNP는 매년 10%씩 증가했고 식량의 자급자족을 이루게 되었다.

1974년에는 대덕과학연구단지를 조성하고 27개의 연구소를 설립했다. 한독 교류 사업 프로그램이 1978년에 시작되었다. 이 프로그램은 과학 기자재를 독일이 지원하고 한국과 독일에서 독일 정부가 직업교육을 도와주는 것이 주된 내용이었다. 아울러 독일이 대통령 자문관을 파견하되 토지와 건물 및 인력은 한국 정부가 책임지기로 양국 정부가 합의했다.

한국과 독일 사이의 협력은 뮌헨에서 남서쪽으로 약 40킬로미터 떨어진 오틸리엔에 있는 로마 가톨릭교회 소속 베네딕토 수도회의 성 오틸리엔 대수도원이 1913년 서울 혜화동에서 백동수도원을 열고, 일반 시민에게 선교뿐만 아니라 목공, 대장간, 농사일 등을 도울 수 있는 직업 훈련을 실시하며 시작됐다. 1925년부터 숭공학교를 세워 체계적으로 직업교육을 시작했는데 노르베르트 웨버(Norbert Weber) 선교사는 서울과 덕원 자치수도원구에서 1913년부터 활동을 하고 있었다.

한국 정부는 독일 정부의 도움을 받아 1977년 창원과 마산 지역에 있는 산업체들이 국제적인 수준을 충족시키도록 기계와 금속 재료를 시험 검사할 수 있는 한국기계금속시험연구소를 창원에 설립하기로 정했다. 국내에서 생산되는 소재와 부품의 국제 시장 경쟁력과 점유율을 끌어올리려 한 것이다.

초대 부소장은 서울공대의 조선휘 교수였다. 연구소는 1977년 여의도에 둥지를 틀었다. 1977년 1월 12일 창원에서 건물 공사를 시작하여 1979년 초에 본관 건물이 완공되었다. 준공식에는 이춘화 2대 소장과 칼 로이테리츠(Karl Leuteritz) 전 주한 독일대사가 참석했다. 준공을 기념하기 위해 본관 앞에는 한국이 자랑하는 국보 제29호인 성덕 에밀레 종의 복사품을 설치했다.

1980년 당시에는 단지 321개사만이 연구 개발 능력을 갖추고 있었는데, 1988년에는 1,600개사가 연구 개발 능력을 갖추기 시작하여 세계 시장에서 경쟁력을 키워나가고 있었다. 이들 중 일부 회사는 자체적인 연구소를 갖추기 시작했다. 한국 정부의 연구 개발비 규모는 1988년에는 1980년 대비 4배로 늘어나 16억 6,000달러에 달했으며 개인 기업의 연구 개발비는 280억 달러로 늘었다.

국가가 투자하는 연구 개발비의 비중은 1963년에는 정부 예산의 0.25%에 지나지 않았으나 2007년에는 3.5%까지 늘어나게 되었다. 빠른 성장 과정을 통해 대형 재벌 기업이 탄생했고 개인 기업들이 연구 개발을 주도해나가기 시작했다.

한 가지 주목할 점은 과학기술부와 통상산업부 간의 경쟁이 오히려 연구 개발의 효율을 훼손시킨 점이다. 그래서 한국산업연구원이 1979년에 탄생하게 되었다. 교육과학기술부 통계에 따르면 국내 연구원의 숫자도 2007년에는 28만 9,098명으로 늘어나 근로자 1,000명당 9.2명 수준이 되었다.

그동안 성장 과정에서 얻어진 값진 연구 결과는 TDX 프로젝트라고 불리는 전자교환기 사업이다. 이어 컴퓨터 생산과 반도체 사업이 그 뒤를 이었다. 가장 큰 성공은 반도체 사업이다. 2013년 통계 자료에 의하면 전 세계 시장의 53%를 점유하기 때문이다(참고로 2019년 현재에는 75%를 점유하고 있다).

하지만 산업의 계속된 성장을 이루는 데 반해 다음과 같은 위험 요소가 발생했다. 첫째, 인구 감소에 따른 노동력 대비 고급 생산 인력이 감소했다. 둘째, 재벌에 집중된 산업의 구조적 문제점 및 과당 경쟁이 일어났다. 셋째, 자원 부족 및 높은 에너지를 소비하는 문제가 생겼다. 넷째, 정치적인 이슈들이다.

지적된 문제점들을 극복하기 위해서는 고효율 태양에너지 변환 기술 개발, 에너지 충전 기술 개발, 전기자동차와 같은 새로운 형태의 에너지 관련 기술 개발과 자동차 개발, 3D 프린팅 기술 개발 등에 매진해야 할 것이다.

제조업은 없어지지 않는다.
다만 제조 방법이 달라질 뿐

━━━ 2015년 9월 필자는 미래기계기술포럼 코리아의 주제를 제조업 경쟁력 강화로 잡고, 정보 통신 기술만으로는 경쟁력을 유지할 수 없으며 정밀 제조업을 강화하고 정보 통신 기술과 연계시켜 부가가치를 높이는 정책이 필요하다고 주장했다.

참가비로 500달러를 받고 항공료도 지원하지 않는 포럼에 독일과 일본, 프랑스를 비롯한 8개국의 30개 회사와 연구소가 참여해서 적잖이 놀랐다. 우리도 필요한 국제 회의에 전문가를 보내 배우는 자세가 필요하다.

포럼에 참석한 코네티컷대학의 최문영 부총장(현 미주리대 총장)은 미국이 제조업을 포기하지 않는 이유에 대해 "2013년 미국 통계에 의하면, 제조업에 종사하는 인원이 1,100만 명에 달하는데다, 세금을 제외하고 생기는 이익률이 9%인데 이 수치는 다른 산업에 비해 높기 때문"이라고 밝혔다. 이는 미국 내 제조업 고용 인원은 2000년대에 비해 줄어들었지만 생산성과 시장점유율은 오히려 향상되고 있다는 것을 의미한다며, 제조업 분야는 승수 효과로 인해 경제에 미치는 효과가 매우 크다고 밝혔다. "제조업에 1달러를 투자할 경우 1.4달러의 가치를 얻을 수 있는 데 비해, 금융시장과 같은 서비스 분야에서는 0.7달러를 얻는 데 지나지 않는다"라고 그는 강조했다.

또한 1, 2차 산업혁명은 대량생산 시스템을 도입하여 산업의 변화를 꾀했지만, 3차 산업혁명에서는 공급망의 변화로 인한 신소재 개발, 디지털 제조, 적층 가공 기법 개발 등을 산업에 적용하기 시작해 가치를 창조했다. 그러려면 정교한 설계 과정이 필요하므로 더 많은 엔지니어가 필요해졌다.

최 부총장은 코네티컷대학에서는 GE 750만 달러, 프라운호퍼 연구센터 720만 달러, 유나이티드 테크놀러지(United Technologies Corporation) 1천만 달러, 프랫 앤 휘트니(Pratt & Whitney Company)에서 750만 달러를 유치해, 전공이 다른 35명의 교수들이 소재 및 제조업 관련 연구를 강화하고, 산업계 연계 프로젝트 학습을 시작했다고 전했다.

상온에서 금속을 가공하는 금형 제작 분야의 세계적인 강소기업인 일본 야마나카 엔지니어링(Yamanaka Engineering Company)의 마사히토 야마나카 대표의 명함에는 다음과 같은 글이 적혀 있다. "우리 회사의 금형 가격은 20~50% 비싸지만, 금형의 수명이 늘

한국기계연구원 국제회의실에서 열린 2015 미래기계기술포럼 코리아에 참석한 발표자들과 함께. 한국기계연구원 사진 제공

어나게 설계, 생산할 수 있어 찍어낼 수 있는 제품 수는 훨씬 많다."

이 회사가 가진 경쟁력의 비밀은 첨단과 전통의 융합이다. 1990년대 초반, 첨단 기술의 산물인 단조 공정 해석 소프트웨어를 미국에서 도입해 금형의 정밀도를 향상시키는 계기를 마련했다. 야마나카 엔지니어링은 금형의 정밀도를 향상시키기 위해 연마를 책임지는 숙련공을 중요하게 여긴다. 금형의 최종 품질을 결정하는 것은 숙련공의 마지막 연마 기술이기 때문에, 도요타에서 금형을 주문할 때 원하는 연마 기술자를 지정하기도 한다. 이 회사에는 중학교를 나와 입사해 길게는 50년 넘게 일한 연마 숙련공이 20명 넘게 있다. 야마나카 대표는 천직이라고 생각하며 일하는 숙련공을 위해 회사는 계속 수당을 높여주고 대학 졸업자들과 차별 대우를 하지 않는다고 말했다.

"교량을 만들 때 지금까지는 각 부분을 현장으로 날라 조립했다. 하지만 앞으로는 현장에 3차원(3D) 프린터를 설치해 원하는 모양과 강도의 교량을 프린트해낼 것이다"라고 포럼에 참석한 《동아일보》의 지명훈 기자는 정리했다. 미국 앨리언의 스티븐 카니(Steven Zvi Karni) 부사장은 "3D 프린팅은 제조업의 미래를 바꿔놓을 획기적인 기술"이라며, 그 변화의 폭은 인터넷 이전과 이후처럼 막대할 것이라고 전망했다. 3D 프린팅의 영향은 음식 서비스 산업부터 중공업까지 망라할 것이다. "음식 재료를 파우더로 변환하면 사막에 맥도널드 매장을 세우고 즉석에서 햄버거를 프린트해낼 수 있다. 또 지금보다 훨씬 복잡한 감속 기어도 단조 공정 또는 기계 가공 없이 프린트해낼 수 있다. 하지만 제조업은 없어지지 않고 제조 방법이 달라질 뿐"이라고 전망했다.

카니 부사장은 3D 프린팅 기술의 발전으로 지금처럼 넓은 공장이 필요 없어지면 새로운 아이템을 선점한 소규모 창업 기업이 경쟁력을 가질 수 있으니, 대기업은 가능성 있는 소규모 창업 기업을 눈여겨봐야 한다고 말했다. "한국도 달라진 세상에서 젊은이들에게 무엇을 가르쳐야 할지, 대량 실업이 발생할 경우 사회적 문제는 어떻게 해결할지 예측하고 대비해야 할 것"이라고 주장했다.

의미 있는 지적이다. 세계적인 화두인 3D 프린팅 산업을 위해 장비를 직접 개발해 제품을 디자인할 수 있도록 노력해야 한다. 2015년 기계연은 3D 금속 프린팅 개발을 위해 3년간 261억 원을 투자하는 M3P융합연구단을 유치했다. 2차 세계대전 때 도시의 90%가 파괴

된 드레스덴이 세라믹 재료와 가공 시스템 프라운호퍼(Fraunhofer Institute for Ceramic Technologies and Systems)를 1992년에 유치하며 유럽의 실리콘밸리로 재탄생한 것과 같은 성과를 이루길 기대한다. 아울러 정부는 국내 정밀 제조업 경쟁력 강화를 위한 과학 기술 연구 개발을 계속해서 지원해, 지속 가능한 성장의 기틀을 다지는 것이 더욱 중요하다.

제조업의 새로운 도약

━━━━ 영화 〈명량〉에는 이순신 장군이 탄 배에 지휘관을 상징하는 깃발이 등장한다. 이를 플래그십(Flagship)이라 한다. 신문을 읽다 보면 플래그십 마케팅, 플래그십 스토어와 같이 대표적인 상품이나 매장을 표현할 때 쉽게 마주치는 단어다. 우리나라 경제의 플래그십은 누가 뭐라 해도 제조업이다. 노동집약적인 섬유, 봉제에서 출발하여 제조업은 한국을 산업의 불모지에서 50년 만에 세계 10위권의 경제대국으로 성장시킨 주역이다.

비교적 저렴한 가격과 선진국에 버금가는 품질을 무기로 거침없이 성장해온 우리나라 제조업이 최근에 들어 위기론에 휩싸이고 있다. 세계 1위를 군건하게 지키던 조선해양산업은 중국과 일본에 밀려 3위로 내려앉았으며, 천하의 애플마저 벌벌 떨게 한 스마트폰은 2위 자리마저 중국 업체에 위협당하는 처지다. 우리의 제조업은 선진국과 후발국의 틈바구니에서 출구를 찾지 못해 헤매는 형국이다.

독일은 인더스트리 4.0 전략을 통해 기존 제조업에 ICT 기술을 접목해 생산성 향상과 함께 우위를 다지고 있다. 일본은 엔저와 장인 정신을 무기로 경제위기를 버텨나가고 있다. 한편 미국은 셰일가스 혁명을 기반으로 한 저비용 에너지와 제조업 혁신 연구소를 설립하는 등 강력한 지원 정책으로 제조업의 재도약을 꾀해, 2014년에는 세계적 불경기 속에서 홀로 호황을 맞이하기도 했다. 우리나라의 제조업만 유독 위기를 넘어 붕괴를 걱정해야 하는 처지에 놓인 것 같아 우려된다.

하지만 냉정하게 살펴보면, 우리 제조업의 위기는 사실 성장의 패러다임이 바뀌어야 하는 순간에 나타나는 성장통일 뿐이다. 남들도 만드는 물건을 조금 더 빨리, 조금 더 싸게, 조금 더 편리하게 만드는 것만으로는 더 이상 경쟁력이 없다. 이제는 남들이 생각지 못한 물건과 서비스를 세상에 먼저 내놓는 것이 핵심 전략이다. 어떻게 더 잘 만들까뿐만 아니라 무엇을, 왜 만드느냐를 고민할 때가 된 것이다. 이것이 추격자(Fast-Follower)에서 선도자(First-Mover)로 전환하는 과정이다.

하지만 선도자의 길이 그리 호락호락하지는 않을 것이다. 새로운 시장을 주도하기 위해서는 남들보다 먼저 생각하고 도전하는 수밖에 없다. 외롭고 험난한 길을 가야 한다. 때론 엄청난 시간과 비용이 들기도 하고, 끝이 보이지 않는 불황을 겪어야 할지도 모른다. 기업의 입장에서 이러한 위험을 감당하기가 만만치 않을 것이고, 중소기업은 말할 나위도 없다. 바로 이 대목에서 출연연의 역할이 자명해진다. 출연연은 긴 안목과 호흡으로 다음 세대를 먹여 살릴 미래 기술을 발굴하고 원천 기술을 확보해서 기업에 넘겨주는 역할을 해야 한다.

그러나 출연연이라고 장기적 기술 개발이 쉽지만은 않다. 기계연이 개발한 도시형 자기부상열차는 정권이 5번이나 바뀌는 동안에도 흔들리지 않고 혼신을 다한 노력의 산물이다. 선도적 과학기술의 개발을 위해서는 무엇보다 실패를 두려워하지 않는 개척자 정신이 중요하다.

기계연에서는 자기부상열차를 이을 플래그십 프로젝트를 금년부터 시작했다. 기계 기술의 꽃이라 불리지만 선도 기술 개발은 엄두도 내지 못하던 발전용 가스 터빈은 셰일가스 혁명으로 인한 미래 에너지 수요에 대비하고, 의료·제조 로봇은 고령화 및 산업 현장 변화에 선제적으로 대처하기 위한 것이다. 10년, 20년 후 우리나라 제조업이 새로운 도약을 하는 밑거름이 되기 위해, 출연연이 국민이 믿고 따라올 수 있게끔 깃발을 들고 앞장서서 뛰어야 한다.

제조업을 중심으로 한 과학기술 발전

━━━━ 2013년 1월, 오바마 대통령은 미국 경쟁력 강화를 위해 제조 혁신 네트워크(National Network for Manufacturing Innovation, NNMI) 구축에 1조 원을 투자할 것을 의회에 제안했다.

이 프로그램의 일환으로 오하이오 주 영스타운에 첫 번째 네트워크 허브가 구축됐다. 시카고에도 일리노이공대, 노스웨스턴대, 미시간대 등을 비롯한 산학연이 참여하는 제조 혁신 허브가 탄생했다.

그러나 미국 오하이오주립대의 타일란 알탄 교수는 미국이 NNMI를 효율적으로 구축하기 위해 독일의 유명 교수까지 초빙하여 애쓰고 있지만 생각보다 쉽지 않을 것이라고 밝혔다. 독일은 대학교수들이 66개에 달하는 프라운호퍼연구소나 80개의 막스플랑크연구소

등의 책임자를 겸하고 있어 산업체와 긴밀한 관계를 이루고 있는데다, 우수한 연구진 및 연구비 조달이 그다지 어렵지 않다. 반면에 미국은 NNMI의 연구비가 끊어지면 연구비를 계속해서 조달하기가 어려운 구조다. 이는 디트로이트 자동차 산업의 퇴조와 같이 미국 제조업의 기반이 약해져 연구의 지속 가능성이 보장되지 않기 때문이기도 하다.

우리는 제조업을 바탕으로 한강의 기적을 이뤘다. 그러나 최근 변화하고 있는 세계 경제·사회·문화 환경의 소용돌이 속에서 제2의 한강의 기적을 일궈낼 방안을 찾아야 한다. 금융 및 SW 중심의 경제 대국인 미국도 제조업 부흥을 위해 NNMI 전략 수립 등 제조업을 통한 일자리 창출에 앞장서고 있다. 전통적 제조업 강국인 독일과 일본도 인더스트리 4.0과 전략적 혁신 창조 프로그램 등 R&D 기반의 제조업 혁신 전략을 꾀하고 있다. 최근 세계 제조업의 중심으로 떠오르고 있는 중국과 개도국 등 우리를 둘러싼 환경과 여건은 제조업 위기를 심화시키고 있어, 이에 대한 적극적인 전략과 대응책 마련이 필요하다.

우리는 경쟁력을 가진 제조업을 바탕으로 전문 영역의 스펙트럼을 좁혀 깊이 있는 연구 체계를 갖추고 연구와 개발을 지속적으로 수행해야 한다. 미래에 대비한 기술 분야에 정책 개발과 연구비를 투자하는 것도 필요하지만, 제조업의 근간이 되는 전통 학문이나 기술을 연구하고 인력을 양성하도록 관심과 지원이 필요하다.

연구 개발 체계는 개발된 기술이 시장으로 흘러 들어가서 설계, 제조, 마케팅, 이익 창출에 이르는 선순환을 이뤄야 한다. 시장에서 필요한 기술을 개발하기 위해 연구자는 연구 기획 단계부터 산학연이 협력해 기업의 경쟁력을 높이고, 시장의 수요가 창출될 수 있는 연구 주제를 찾는 데 진력해야 한다.

연구 개발 혁신을 통해 개발된 첨단 기술은 정부와 지자체가 먼저 수용하고 확산해야 한다. 기술과 시장 사이에 존재하는 '죽음의 계곡(Valley of Death)'을 뛰어넘을 수 있도록 정부와 지자체가 적극적으로 협력하고 지원해야 과학기술이 더욱 발전할 것이다.

한국 과학기술이 지속적으로 성장하는 길

━━━━ 2019년 9월 18일 창원에 있는 두산중공업에서는 연소기 출구 온도가 섭씨 1,500도인 대형 발전용 가스 터빈이 공개되었다. 미국, 독일, 일본, 이탈리아에 이어 세계 5번째로 쾌거를 이뤘다. 기계공학을 전공하는 교육자로서 큰 박수를 보낸다.

필자는 2000~2002년에 한국과학기술기획평가원 기계전문위원으로 재임할 당시 가스 터빈을 21세기 프런티어사업의 후보 과제로 제안했지만, 우선순위에서 밀려 과제화하지 못했다. 다행히도 2013년 산업부의 지원으로 가스 터빈 과제가 국책 과제로 선정되면서 600억 원의 지원을 받게 되었다. 두산중공업은 공개된 가스 터빈을 개발하는 총투자비가 1조 원이라고 밝혔다.

2015년 4월 30일, 두산중공업 본사 창원공장을 방문하여 270MW급 대형 발전용 가스 터빈 조립 공장 견학 중 최승주 부사장과 함께. 한국기계연구원 사진 제공

한국기계연구원도 가스 터빈 기술의 중요성을 파악하고 기관 중점 과제로 연구 개발에 매진하고 있다. 가스 터빈은 발전소뿐만 아니라 항공기 엔진 등에도 사용되는 핵심 기술이다. 기계연의 김한석 박사팀은 2015년 6월에 성일터빈과 한국남동발전과 공동으로 개발한 발전용 가스 터빈 연소기를 분당복합화력발전소에 설치했다.

기계연이 연소기와 같은 일부 부품을 만들었지만, 선진국과 같은 대형 발전용 가스 터빈을 개발하려면 관련 설비를 인증하기 위한 설비를 갖추어야 한다. 인증 설비 구축에는 수조 원 이상 들기 때문에 국가적인 차원에서 장기적인 투자가 이루어져야 한다. 일본 정부와 같은 지속적인 지원이 이루어지지 않을 경우 기술 개발은 제한적일 수밖에 없다.

이번에 공개된 가스 터빈에 사용되는 부품 개수는 4,000개라고 하는데, 이를 지속적으로 개발하기 위해서는 내열성 소재 개발, 코팅제 및 냉각 기술 개발, 터빈의 회전 날개 제작 공정 개발, 비파괴 시험, 고장 예지 시스템 구현 등 관련 기술도 개발해야 한다. 소재·부품 기술을 개발하고 이를 체계적으로 관리하기 위한 인공지능 데이터 처리 기술도 필요하다.

두산중공업에서 개발된 가스 터빈의 수준은 세계 시장과는 아직은 거리가 있다. 기술 격차를 극복하려면 제한된 자원을 효율적으로 활용해야 하고, 우리의 산업과 교육 환경을 감안한 국가적인 선택과 집중 전략이 필요하다. 일본이 반세기에 걸친 연구 개발 노력으로 세계 시장 3위에 오른 것을 볼 때, 제한된 자원으로 모든 분야에서 세계 최고가 되기는 쉽지 않다. 독일의 프라운호퍼나 막스플랑크연구소는 예산을 집행할 때 정부의 입김에서 자유롭다는 헬무트 슈뮈커 박사의 언급을 잊지 말아야 한다.

기초 과학뿐만 아니라 정밀 제조업의 경쟁력 강화를 위해 분야를 명확히 선정하고 관련 분야에 장기적인 투자를 검토하는 것만이 세계적인 가치 사슬로 묶여 있는 시장에서 지속 성장하는 길이다. 이 책을 통해 지속 성장이 가능한 교육 및 연구 시스템이 사회적 기술 개발을 통해 마련되고 과학기술의 발전을 이루어 국민의 삶의 질이 개선되길 기대한다.

이 책을 만드는 데 도움을 주신 분들: 임계희, 곽한우, 김동성, 신진숙, 황건중, 어명근, 김광준, 김윤수, 전형준, 이경찬, 권소영, 지명훈, 김초혜, 박희창, 조성규, 오양의, 양일권, 김민정, 송영석, 박윤정, 이진숙(무순)

디테일 경쟁 시대

초판 1쇄 2019년 12월 20일

지은이 | 임용택
펴낸이 | 송영석

펴낸곳 | (株)해냄출판사
등록번호 | 제10-229호
등록일자 | 1988년 5월 11일(설립일자 | 1983년 6월 24일)

04042 서울시 마포구 잔다리로 30 해냄빌딩 5·6층
대표전화 | 326-1600 **팩스** | 326-1624
홈페이지 | www.hainaim.com

ISBN 978-89-6574-979-0

이 도서의 국립중앙도서관 출판예정도서목록(CIP)은 서지정보유통지원시스템 홈페이지
(http://seoji.nl.go.kr)와 국가자료공동목록시스템(http://www.nl.go.kr/kolisnet)에서 이용
하실 수 있습니다.(CIP제어번호: CIP2019049320)